红木家具 鉴赏与投资基础

谢崇桥　柏德元　李亚妮 编著

化学工业出版社
·北京·

内 容 简 介

本书较为全面和系统地介绍了红木家具鉴赏与投资方面的知识,内容涵盖入门篇(红木家具与中式家具基础知识)、术语篇(传统家具结构术语、传统家具与红木家具名称术语、古旧家具收藏术语)、工艺篇(选料用料、表面处理、榫卯结构、木雕基本技法)、鉴定与投资篇(红木家具的鉴别、收藏与投资要点),以及红木家具的保养、投资与收藏禁忌等。本书会对广大读者掌握红木家具的投资收藏秘籍有所帮助。

本书通俗易懂,图文并茂,助力读者在较短时间内掌握更多的关键知识。本书既可作为广大红木家具和传统家具爱好者了解与掌握相关知识的普及读物,也可作为在校师生的教学参考书。

图书在版编目(CIP)数据

红木家具鉴赏与投资基础 / 谢崇桥,柏德元,李亚妮编著. —北京: 化学工业出版社,2022.9
ISBN 978-7-122-41694-0

Ⅰ.①红… Ⅱ.①谢… ②柏… ③李… Ⅲ.①红木科–木家具–鉴赏–中国 ②红木科–木家具–投资–基本知识 Ⅳ.①TS666.2 ②F724.785

中国版本图书馆CIP数据核字(2022)第105492号

责任编辑:朱 彤   加工编辑:李 曦
责任校对:杜杏然   装帧设计:溢思视觉设计 / 程超

出版发行:化学工业出版社
　　　　　(北京市东城区青年湖南街13号　邮政编码100011)
印　　装:北京盛通印刷股份有限公司
710mm×1000mm　1/16　印张8$\frac{1}{4}$　字数116千字
2024年1月北京1第1版第1次印刷

购书咨询:010-64518888
售后服务:010-64518899
网　　址:http:// www.cip.com.cn
凡购买本书,如有缺损质量问题,本社销售中心负责调换。

定　　价:68.00元　　　　　　　　　版权所有　违者必究

在投资与收藏领域，红木家具是重要门类，而且红木家具的收藏"门道"和术语复杂，初学者很不容易了解。为了面向普通收藏投资爱好者介绍红木家具投资与收藏的基础知识，十几年前我们编撰出版了一本入门级读物，很受读者欢迎。近年来，红木家具收藏又有了一些新变化，如家具仿古、作伪制作技术的提高，以及红木材料的越发珍稀等。同时，伴随着收藏知识及其传播方式的纷繁复杂，更多读者希望通过通俗易懂的方式了解和掌握有关红木家具收藏鉴赏的专业知识。本书力求从满足上述普通读者的需求出发，主要有以下特点。

（1）将高深的专业知识化解为浅显易懂的文字内容。中国传统家具经历了几千年的发展历史，专业性非常强，仅就红木家具投资收藏而言，所涉及的专业术语非常丰富。本书编写时力求通过朴素的语言、通俗的说法将专业知识化难为易，让普通读者能读懂每一段文字，理解每一个专业术语。

（2）图文并茂，将实物照片和示意图解与文字叙述相结合。本书提供了大量家具实物照片，为了方便读者阅读，在许多照片上还对具体部位进行了标注。此外，对于通过查看实物照片仍然难以理解的结构，还专门绘制了结构示意图，力图让读者读得清晰，看得明白。

（3）围绕读者所关心的主要问题展开，力求做到简明而充实。编写时尽量考虑读者的需求，从浩瀚的红木家具投资收藏知识信息中挑选入门读者欲了解的关键内容，并按照读者较为容易理解的顺序安排章节，由浅入深层层递进，希望读者在有限的

时间里获得尽可能多的专业知识。

当然，仅凭一本小书不可能穷尽红木家具收藏的全部知识信息，建议读者在阅读完本书并具备了一定的基础之后，再通过阅读更多专业性书籍和付诸实践，才有可能成为专业的收藏者和真正的行家。

在本书编撰过程中，柏德元大师给予了大力支持，几年前他还以逾古稀之年的赢弱身躯多次为我们讲解家具工艺，亲临现场指导图片拍摄的具体工作。遗憾的是，柏先生于2019年7月驾鹤西去，无法看到本书正式出版。在本次编撰过程中，还要特别感谢北京金漆镶嵌有限责任公司多位领导和职员的大力支持与帮助，为我们安排工艺调研、图片拍摄提供了机会和指导。此外，首都师范大学美术学院硕士研究生吕静琳同学帮忙查找和整理资料，付出了许多劳动，在此一并表示感谢。

家具收藏知识瀚海无边，本书是在参阅大量前人文献的基础上编写完成，在此对前辈藏家和研究专家特别表示敬意。由于编著者学识和时间所限，仍然不能自诩完美，敬请广大读者和专家批评、指正！

编著者

2023年4月

目录

01

入门篇

02

术语篇

03

工艺篇

04

鉴定与投资篇

05

保养与禁忌篇

01

入门篇

1.1
家具与红木家具

1.1.1　家具产生的历史背景

民间常常有"先有鸡还是先有蛋"的讨论，是有关生物起源的哲学思考。关于家具起源的讨论也有些类似——"是先有桌子，还是先有'桌子'"？意思是先有桌子这种实物，还是先有"桌子"这个概念。这个讨论曾经引发很多人的兴趣，但似乎谁也说服不了谁。如果说先有桌子这种家具，那么在人们头脑中连"桌子"的基本概念都没有的情况下，又怎么能设计和制造出来这种家具呢？如果说先有"桌子"这个概念，人们在还没见过桌子之前，根本不知道桌子是什么，又如何得知这个概念呢？

事物的发展总会有一个过程，家具的产生也有一个从原始到逐步完善的过程。最原始的被当作桌子的物件，很可能就是一块天然的石头，其形状恰好与后来的这件家具即桌子的大小、高度等各种尺寸比较接近，顶部也相对平整。我们的祖先可能在需要摆放物品供几个人一起分享的时候看到了这块石头，就开始把它当成家具使用。那时候的人应该还没有"桌子"的概念。在此基础上，人们逐渐根据需要制作和改造这样的家具，从用石块、木料、土坯之类的材料搭制、堆砌到后来用工具加工木材、钢材，经过数千年的发展演变，才形成今日各种各样的桌子形态。人类的许多发明创造就是在生活中逐步产生、发展和完善的。

材料是构成家具的物质基础。在家具的发展史上，家具材料可以反映出当时的生产力发展水平。除了常用的木材、金属、塑料等材料外，还有藤、竹、玻璃、橡胶、织物、装饰板、皮革等可作为家具材料；加工工艺、质地、强度、表面装饰性能等均是影响家具材料选择的重要因素。

家具的结构是指家具所使用的材料和构件之间的一定组合与连接方式，它是依据一定的使用功能而组成的一种结构系统，包括内在结构和外在结构。家具的内在结构是指家具零部件间的某种结合方式，它取决于所采用的材料和科学技术、制作工艺的发展，如金属家具、塑料家具、藤家具、木家具等都有自己的内在结构特点。家具的外在结构是直接与使用者相接触的结构部分，它是外观造型的直接反映，在尺度、比例和形状上都必须与使用者相适应。高度、深度、倾角适当的家具可提高使用者的工作效率、减少产生疲劳的可能性；储存类家具在方便使用者存取物品的前提下，要与所存放物品的尺度相适应。家具的外在结构也为家具的审美特征奠定了基础。

家具的外观形态是功能和结构的直观表现，外观主要依附于其结构，特别是外在结构。但外观形态和结构之间并不是绝对对应的关系，同一种结构可以由不同的外观形态来表现。外观形态具有灵活的选择性和表现性，如多数椅子的基本结构相同，但其外观形态却多姿多彩。家具的外观形态作为功能和结构的外在表现，还能传达信息并具有象征意义。

家具往往是为了一定的使用目的而设计制作的，功能是推动家具发展的主要动力之一。在进行家具设计时，首先应从功能的角度出发，对设计对象进行分析，由此来决定材料、结构和外观形态。

1.1.2　中式家具的发展脉络

图1-1
战国楚墓出土的
彩绘漆木虎座鸟架鼓

远古人类的生产方式以狩猎和采集为主，生活方式则是穴居和巢居。随着石器打制技术的不断进步，产生了原始编织业。"席"便是家具的原始形态。进入农业文明时代后，又随着冶炼技术的进步和铁制工具的产生，木材加工水平不断提高，便产生了适应席地而坐的初级家具。

适应席地跪坐方式的低矮型家具主要是在商周至秦汉时期使用。春秋战国时期，家具制作已使用斧、锯、凿、铲等金属工具，还用准绳进行测量。燕尾榫、凹凸榫、格肩榫等精巧结构在家具中已有运用。战国楚墓出土的彩绘漆木虎座鸟架鼓（图1-1）的结构精巧，足以体现当时的水平。战国漆盘（图1-2）的圆形形态非常精确，其中心对称的图案也绘制得非常精致，说明当时的家具制作水准已经很高。至汉代、三国时期，家具的类型发展到了床、几案、屏风、柜、箱、衣架等。由于当时的习惯是席地而坐，家具一般很矮。另外，胡床在此

图1-2
战国漆盘

时已由西域传入中原，也影响着中原家具的造型发展。

随着生产力的发展，各民族文化的交融，特别是汉代之后受佛教文化的影响，经过魏晋至隋唐时期的过渡，到宋代已基本完成了由席地跪坐向垂足而坐的演变，家具也由低矮型向高足型发展。

隋唐五代时期，家具的造型还受到了建筑技术发展的影响。垂足而坐与席地而坐的方式并存，相应地，出现了高低家具并存的局面，圈形扶手椅、长桌凳、圆鼓凳、靠背椅、顶帐屏床等新形式的家具制作日趋合理，尺度与人体比例相协调，有些部位施以曲线图案雕饰。两宋时期，垂足而坐的方式全面普及，床柜、桌椅、大案等高型家具已普遍流行。受建筑结构的影响，梁柱式框架结构的家具流行，桌面和腿部的交接处开始运用牙头装饰，束腰、马蹄脚形制均有出现，还较多使用装饰线。唐代钱柜如图1-3所示。辽代木盆架（其中一条腿已经损坏）如图1-4所示。

图1-3
唐代钱柜

图1-4
辽代木盆架
（其中一条腿已经损坏）

中式家具经过两宋和元代的发展，到明代则开始进入成熟和定型时期。明代是中式家具发展的黄金时代。东南亚等地珍贵木材的引进使家具充分考虑自然纹理，少用漆饰，色彩沉稳，质地细腻，其制作工艺和结构功能达到前所未有的高峰。对称式成套家具的概念已较为多见，如一桌两椅或四凳一组等。质地坚硬、强度高的珍贵木材形成了紧密的榫卯结构。圈椅、官帽椅、玫瑰椅、圆角柜、万历柜、翘头案、罗汉床等都是明代家具造型的典型款式。明代黄花梨云头纹方桌如图1-5所示。

图1-5
明代黄花梨云头纹方桌

到了清代，家具发展更加多元化，主要分为三期，即初期承袭前代风格，多数家具仍然带有"明式家具"的典型特征；中期形成"清式家具"的典型风格，追求繁缛的装饰和奢华的样貌；晚期流行中西风格结合的家具样式，尤其是以广州地区为代表的"广作家具"，成为当时融合中西风格的新型家具典范。清代酸枝木镂雕镶理石双层几如图1-6所示。

我们可以概括性地梳理一下中式家具发展演化的脉络，大体如下。

① 由低矮型向高足型发展。

② 由简单向复杂发展，而这种简单与复杂又是相对而言的。

③ 由单一性向多样性发展。表现为：一是品类的多样性；二是同一品类在用料、规格、造型、纹饰上的多样性；三是配套组合。

④ 由注重功能性向艺术性发展，讲究功能性与艺术性完美结合，同时注重与整体环境的统一。

图1-6
清代酸枝木镂雕
镶理石双层几

1.1.3　红木家具的发展演变

红木家具只是家具中很小的一部分。人类历史上第一件以红木为材质的家具究竟产生于何时何地，恐难考证。因此，我们这里所说的红木家具的产生与发展，是指红木家具作为家具中的一个门类、一个系列的产生与发展而言的。

明代通常被认为是红木家具经典样式诞生和盛行的时期。

明代之前，红木等硬质木材尚未在家具中得到广泛使用，通常要依靠油漆来保护家具，以延长其使用寿命。河南信阳长台关出土的战国时期漆木床，是我们目前所能见到的最早的实物床之一。这张床是髹漆彩绘的，花纹华丽精美。湖北曾侯乙墓也出土过漆几、漆案，还有髹漆彩绘的衣箱。到了汉代，髹漆彩绘更是木质家具的主要特征。例如，河南洛阳汉墓出土的漆案，长沙马王堆汉墓出土的漆几，扬州胡场汉墓出土的漆案，北京老山汉墓出土的漆案等。唐代，金漆镶嵌、螺钿镶嵌、彩绘等工艺，更是广泛应用于家具。五代南唐顾闳中绘《韩熙载夜宴图》、周文矩绘《重屏会棋图》，都有床榻、几案、桌椅等漆艺类家具。据《方舆胜揽》《清波杂志》《癸辛杂识》等文献记载，金漆镶嵌，包括虎皮漆工艺，在宋代被广泛应用于大件家具。宋代帝后像中描绘的椅子都有油漆彩绘的花纹。这类家具，业内称为"漆艺家具"。这类家具的特点是打制木胎后，涂刮数道腻子，髹饰数道色漆，以黑、红色为主，偶有其他颜色，道道打磨平整；然后，在漆胎之上以彩绘、镶嵌等工艺装饰。直到明代之前，漆艺类家具在中式家具的宗谱里始终占据着突出位置。

到了明代，由于冶炼技术的发展，出现了框架锯、刨子、凿子等更为锋利和方便加工硬木的金属工具。"工欲善其事，必先利其器"，先进的工具使家具制作更加精密化，特别是刨子的出现，使硬质木材表面的加工达到很高的平整度和光洁度成为可能。因此，这一时期，彰显木材本色和天然纹理的硬木类"实木家具"大量出现。

我们现在通常所说的"实木家具"这个概念，一是区别于不显露木材本色和天然纹理的漆艺类家具；二是区别于人造板家具；三是区别于不使用木材的家具，如竹、藤家具等。而其中紫檀木、花梨木、酸枝木等硬木做成的"实木家具"就是后世所称的红木家具。

明代郑和下西洋后为海外贸易打开了通路，尤其是到隆庆年间开放海禁，允许民间私人跨洋进行海外贸易之后，中国的海外贸易得到了长足发展，紫檀木、花梨木、酸枝木等木材从东南亚等地大量引进中国，红木家具便逐渐取代漆艺家具而占据统治地位。当然，红木家具并未全部代替漆艺家具。漆艺家具虽然在数量上相对减少，但在花色品种和艺术风格上却更加丰富多彩；同时，在屏风、牌匾、车轿、銮椅和室内外建筑装饰等方面，漆艺依然长期广泛使用。

总之，明代木工工具的发明与进步和海外贸易的发达，是红木家具作为一大门类兴起和发展的重要原因。

此外，文化人士的参与也是红木家具得以发展的重要原因。明代文人中唐寅、祝枝山、仇英、董其昌、周天球、高濂等名流雅士都对家具情有独钟；他们或亲自设计、描绘家具图样，或著文阐述家具创作理论。例如，文震亨所著《长物志》在论述家具设置原则时讲道："位置之法，繁简不同，寒暑各异；高堂广榭，曲房奥室，各有所宜。"明代文人还大多崇尚自然古雅，反对繁缛雕饰。美学理念在明代家具中得到了生动体现，因而也使明式家具具有鲜明的文人气质。

到了清代中后期，红木家具比明代家具风格更为复杂。其装饰更加繁缛、奢华，还出现了苏作、广作、京作等富有地方特色或中西结合的家具类型。

1.2
红木的定义

"红木"最初与某一树种没有多大关系，只是明清以来对在一定时期内出现的呈红色的优质硬木的统称，包括花梨木、酸枝木、紫檀木等，它们不同程度地呈现黄红色或紫红色。人们无意去辨别它们是什么树种时，便以一种约定俗成的习惯统称它们为"红木"。

要给红木下一个准确、清晰、严谨、科学的定义，还真不是一件容易的事情。这是因为时代不同，地区不同，对红木的称谓有着不同的理解，包括业内专家也有不同看法。

红木的定义，有广义和狭义之分。广义的红木，是指2017年12月发布的《红木》国家标准（GB/T 18107—2017）中的五属八类二十九种。五属指的是紫檀属、黄檀属、崖豆属、决明属、柿属。八类则是木材的商品名，指的是紫檀木类、花梨木类、香枝木类、黑酸枝木类、红酸枝木类、鸡翅木类、条纹乌木类、乌木类。二十九种如檀香紫檀、卢氏黑黄檀等。狭义的红木，通常则指酸枝木。红木指这些木料的心材，也就是树木的中心、无活细胞的部分，其颜色与边材颜色明显不同（图1-7）。

图1-7
红木心材和边材颜色
明显不同

1.3
红木的种类

1.3.1 紫檀木

紫檀木是红木中的极品。紫檀木主要产于马来群岛热带地区。我国广东、广西也产，但数量不多。紫檀生长缓慢，数百年乃至上千年方能成材，数量稀少，而且有"十檀九空"之说，因而愈显珍贵。

紫檀木木质坚硬，色泽紫黑、凝重，手感沉重；年轮成纹丝状，纹理纤细，有不规则蟹爪纹，变化无穷；入水而沉，有清香气味。

紫檀有大叶檀和小叶檀之分。小叶檀与大叶檀相比，纹理更加细腻生动，

图1-8
紫檀木切面纹理

图1-9
紫檀木关公像

细如牛毛，称为"牛毛纹"。紫檀又有"鸡血紫檀"和"金星紫檀"之别。"鸡血紫檀"木色紫中带红，其红酷似鸡血。而"金星紫檀"棕眼中有闪光金星。紫檀木又分老紫檀木和新紫檀木。老紫檀木呈紫黑色，新紫檀木呈褐红色、暗红色或深紫色，都有不规则的蟹爪纹。鉴别新老紫檀的方法之一是看浸泡后是否掉色：新紫檀用水浸泡后掉色，老紫檀浸水不掉色；新紫檀打上颜色不掉，老紫檀打上颜色一擦就掉。

紫檀木的特征主要表现为颜色呈犀牛角色泽，它的年轮纹大多是绞丝状的，尽管也有直丝的地方，但细看总有绞丝纹。紫檀棕眼细密，木质坚重。以紫檀木制作的家具或摆件，表现出稳重大方、沉实厚重的"气质"。紫檀木切面纹理如图1-8所示。紫檀木关公像如图1-9所示。

1.3.2 花梨木

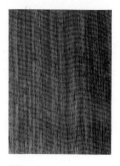

图1-10
花梨木切面纹理

花梨木一名"花榈"，其木纹像鬼面，又像狸斑，故又名"花狸"。花梨木产于越南和我国广东、广西。其质地坚硬，肌理细腻生动，如行云流水，散发清香；不静不喧，色泽稳重优美，呈棕黄色或棕红色。花梨木切面纹理如图1-10所示。

花梨木有老花梨和新花梨之分。老花梨又称黄花梨，颜色由浅黄到紫赤，纹理清晰，有香味。新花梨的木色显赤黄，又称草花梨，纹理色彩较老花梨稍差。老花梨纹理卷曲，新花梨纹理相对笔直。从材质的细腻生动角度讲，黄花梨胜于草花梨，又以海南黄花梨最为上品。以花梨木制作的家具，具有高贵典雅、富丽清新的风韵。黄花梨是明代家具的首选用材，它有着浓浓的书卷气，最适合做书斋家具，符合文人雅士所追求的安静、舒适感觉。花梨木盒面如图1-11所示。

图1-11　花梨木盒面

花梨木主要有以下几大特征。

（1）带状条纹。花梨木纹较粗，纹理直且较多，心材呈大红色、黄褐色和红褐色，从纵切面上看带状长纹明显。

（2）交错纹理。花梨的纹理呈青色、灰色和棕红色等，几种颜色交错分布。

（3）偏光。从花梨的切面看折射的光线时，只有一个角度可以看到折射的光线最亮最明显，而其他角度则不明显，属于偏光现象。

（4）鬼脸。花梨木的木节花纹，圆润如钱，鲜艳清晰，十分动人，俗称"鬼脸"，甚是可爱。

（5）牛毛纹。花梨产地不同，木质也有很大差别，有的质地较细密，有的质松；但从弦切面上看，都能明显地看到类似牛毛的木纹。

（6）荧光。花梨中有一层淡淡的荧光，如果把一小块花梨放到水中就能发现，水里漂着绿色物质，这种物质能发出一种荧光。如果是下雨时淋湿了堆放的花梨木，从流出的雨水中也能看到这种荧光，晶莹透亮，温润如玉。

（7）檀香味。凑近花梨用鼻子闻一闻，可闻到花梨也有一股檀香味，味很香，但比降香黄檀的香味要淡。

由于木材的构造在不同方向上表现出不同特征，通常可从木材的三个切面，观察木材的主要特征及内在联系。木材的三切面如图1-12所示。

横切面：与树干主轴垂直的切面为横切面，在这个切面上清楚地反映出木材的一些基本特征，它是识别木材特征最重要的一个切面。

径切面：通过髓心与树干纵长方向平行所锯成的切面。由于这个切面收缩小，不易翘曲，沿此切面所锯板材，适用于地板、木尺、乐器的共鸣板等。

弦切面：不通过髓心与树干纵长方向平行所锯成的切面称为弦切面。木板材大部分都为弦切板，适用于家具制造。

径切面和弦切面统称纵切面。树木由于生长的条件和环境不同而存在差异和变异性，各树种的内部结构不尽相同，但每一树种都有一定的构造特征。根据这些构造和特征及其共同规律来识别木材，研究材料性能、用途等都极为重要。❶

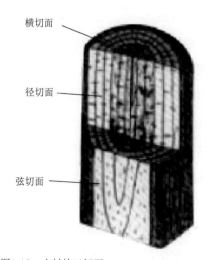

横切面

径切面

弦切面

图1-12　木材的三切面

❶　江湘芸，刘建华．设计材料与工艺 [M]．北京：机械工业山版社，2008.

1.3.3 酸枝木

"酸枝木"之名在广东一带沿用较广，长江以北多称此类木材为"红木"。酸枝木大体分为三种：黑酸枝（木）、红酸枝（木）和白酸枝（木）。由于此类木材在加工过程中会发出一股食用酸的味道，故名酸枝。在三种酸枝木中，以黑酸枝木为最好，其颜色有紫褐色或紫黑色，木质坚硬，抛光效果好。有的与紫檀木极接近，常被人误认为是紫檀。但大多数纹理比紫檀稍粗，不难辨认。红酸枝纹理较黑酸枝更为明显，纹理顺直，颜色大多为枣红色。白酸枝颜色要浅得多，色彩接近草花梨，有时极易与草花梨相混淆。

在广义的红木类家具中，酸枝木类数量最多。以酸枝木制作的家具，具有古朴典雅、端庄稳重的气势。黑酸枝半圆桌如图1-13所示。

红酸枝木作为家具木材，始于清代中期。当时，紫檀（檀香紫檀）和黄花梨（降香黄檀）日渐难求，开始从东南亚一带进口替代木材，称"紫榆"。因其散发酸香气，广东人称之为"酸枝"。又因颜色大多为枣红色，长江以北地区多称之为"红木"或"老红木"，也就是现在的红酸枝木类。红酸枝木的木质仅次于檀香紫檀，优于鸡翅木。红酸枝木类通常应有如下四个必备条件：①黄檀属树种；②木材构造特征为细至甚细，平均管孔径向直径不大于200μm；③木材含水率12%时，气干密度大于0.85g/cm³；④木材心材红褐色至紫红色。

图1-13 黑酸枝半圆桌

红酸枝木与黑酸枝木的区别在于木材心材的颜色上，黑酸枝木的材色为栗褐色，常带黑色条纹。黑酸枝木切面纹理如图1-14所示。但红酸枝木的材质有所不同，心材材色有深有浅，材色约分为偏红色系和偏褐色系。偏红色系的红酸枝，其心材新切面为柠檬红、红褐至紫红褐，常带明显黑色条纹，密度大，气干密度为1.0g/cm³，主要产地为中南半岛。心材材色也是有深有浅，色浅的偏黄色，纹理较直。红酸枝木切面纹理如图1-15所示。

市场上多见的红酸枝木纹理较直，有局部似黑酸枝木的栗褐色条纹，业内称之为"绿筋"，就像人皮肤下的青筋。质优的久置则木色变深，呈深枣红色至紫红色，色泽颇似檀香紫檀，木质细腻不亚于卢氏黑黄檀，为红酸枝木的上品。偏褐色系的红酸枝木，其心材新切面为紫红或暗红褐色，常带黑褐或栗褐色细条纹，产于东南亚。质优的心材为紫红或暗红褐色，弦切面带似黄花鱼腹部鱼皮纹。红酸枝木中还有纹理特别的类型，有弦切面带似肌肉纤维一样的浅色条纹，略似鸡翅木"V"形纹理的；也有弦切面花纹扭曲和夸张艳丽的。

图1-14　黑酸枝木切面纹理　　　　图1-15　红酸枝木切面纹理

1.3.4　鸡翅木

　　鸡翅木分布较广，主要产于非洲、东南亚和我国广东、广西、云南、福建等地。据清代内务府《活计档》记载，它是一种特别珍贵的木材，得到它比较难。例如，在圆明园所用木材中鸡翅木的用量比紫檀、黄花梨还要少。这种木材在明代的用量更少。

　　鸡翅木又称"杞梓木"。它有一个别名叫作"红豆木"，又叫作"相思木"。其质地坚硬细密，纹理白质黑章，有紫褐色深浅相间的蟹爪纹，酷似鸡翅膀，故称"鸡翅木"。鸡翅木切面纹理如图1-16所示。鸡翅木经过打磨抛光之后，很像铁力木，但是它没有棕眼。鸡翅木有的也能形成颇似山水云层的风景画，纤细浮动，如行云流水，变幻无穷。因而以鸡翅木制作的家具，给人以清新明快、气韵生动的艺术享受，历来深受文人雅士和广大消费者喜爱。鸡翅木雕花如图1-17所示。

图1-16　鸡翅木切面纹理

图1-17　鸡翅木雕花

1.3.5 铁刀木与铁力木

铁刀木和铁力木常常被人混淆，实际上二者并非同一种属的笔误，而是两个不同的种属。旧版《红木》国家标准中曾列有"铁刀木属"，2017年新版《红木》国家标准中将"铁刀木属"改为"决明属"，将"铁刀木"列为"决明属"下"鸡翅木类"中的一个材种；而"铁力木"没有作为种属名称进入《红木》国家标准，尽管铁力木也是传统家具的重要用材之一。

铁刀木又名"泰国山扁豆""孟买黑檀""孟买蔷薇木"等。因其材质坚硬、刀斧难入而得名，广布于热带、亚热带及温带地区。我国福建、台湾南部、广东广州市、海南、广西南部、云南南部和西部也有种植。

铁刀木属散孔材，纹理直，结构略粗，材质中等至坚硬沉重。其边材黄白色至白色，心材暗褐色至紫褐色，露在大气中呈黑色，又称黑檀。其心材坚实耐腐、耐湿、耐用，为建筑和制作工具、家具、乐器等的良材。又由于其易燃、火力强、生长迅速，且萌芽力强，也是良好的薪炭林树种。铁刀木切面纹理如图1-18所示。

铁力木又称"铁梨木""铁栗木"。铁力木主要产于我国广东、广西一带。其木质坚硬而沉重。心材初为黄色，用之则黑，髓线细美。铁力木树干高耸，径级宽大，是其一大特点，故常用于制作大件家具。铁力木的纹理、色彩与鸡翅木极为相近，有时不仔细辨别难以分清。铁力木切面纹理如图1-19所示。

图1-18　铁刀木切面纹理

图1-19　铁力木切面纹理

根据有关学者的归纳，铁力木的特点主要体现在以下几个方面。

（1）用材宽松。因铁力木价廉易得，又属大型树种，所以铁力木家具一定不惜材料，独板架几案常见，故宫所藏翘头"大案"即为代表。一般硬木家具一定要计算材料成本，而铁力木家具似乎不考虑这些，面板大边一般宽硕，桌案中常见独芯板，从不将就材料。

（2）极少雕刻。铁力木纤维粗长而不易切断，横向走刀极易起茬，而且纤维"跳出"木质，俗称起毛刺，遇到这种情况连磨光都很不易。粗韧的木性使工匠对铁力木雕刻望而却步，但又不能将所有铁力木家具都做成"素"的，在必须起阳线或稍事雕工时，工匠一定将纹饰留粗，这种粗阳线在其他硬木家具中从未见过。

（3）做工古拙。铁力木家具做工古拙除了与木材特点有关之外，还有另外三个可能的原因。其一，一些传世铁力木家具的历史很久远，其做工中许多手法一看就很古老。其二，铁力木家具的变化似乎比其他家具要少一些，其主要出产地位置偏狭是主要原因。其三，可能因为很多工匠想要充分展现铁力木本身的特点，所以采用古拙的手法，这在后期出现的一些铁力木家具中多有体现。清代铁力木南官帽椅如图1-20所示。

图1-20　清代铁力木南官帽椅

1.3.6 乌木

乌木又称"巫木"，并非指某一特定树种，而是黑色木材的总称。我国云南、海南等地区也有出产。明末方以智《通雅》注日："木生水中黑而光，其坚若铁。"可见乌木可分数种，木质也不尽相同，有沉水与不沉水之别。乌木的特点是坚实如铁，光亮如漆，略似紫檀，老者纯黑色。但因乌木性脆，又少有大料，故在红木家具中，乌木类家具相对较少，或与其他木种结合使用。乌木梳子如图1-21所示。

还有一种说法认为乌木是川人对阴沉木的俗称，并非地面上活的黑色木料。它是两千年至数万年前，古四川地域天体发生自然变异，由地震、洪水、泥石流将地上生物等全部埋入古河床等低洼处后，一些埋入淤泥中的部分树木，在缺氧、高压状态时，在细菌等微生物的作用下，经过数千年甚至上万年的炭化过程而形成的，故又称"炭化木"。能够形成乌木的树种繁多，有麻柳树、青冈树、香樟树、楠木（金丝楠木、小叶楠木）、红椿木、红豆杉、马桑、黄柳木、黄柏、槐木、檀木等。一般具有香味和杀菌特征的树种才能形成乌木。

图1-21 乌木梳子

1.3.7 瘿木

瘿木，又名"影木"，俗名为"树疙瘩"，它不是某种木材的名称，也不专指某一种树，而是泛指木材生成"瘿"的纹理特征。《说文·广部》之"瘿"，清代段玉裁注："凡楠树树根赘肬甚大，析之，中有山川花木之文，可为器械。"唐代诗人张籍的《和左司元郎中秋居》（之六）："醉倚斑藤杖，闲眠瘿木床。"树木在生长过程中，受到外力、害虫或真菌的刺激，一部分组织畸形发育而形成的瘤状物，虽然影响树木生成栋梁之材，其自身却形成了富有独特纹理的家具用材。《格古要论·异木论》之"瘿木"："出辽东、山西，树之瘿有桦树瘿，花细可爱，少有大者；柏树瘿大而花粗。"

瘿木实指木质纹理的特征，颇似山水人物、鸟兽、葡萄等；非具象而抽象，非形似而神似，亦真亦幻，美妙无比。又因其数量稀少，愈显珍贵。常见的有楠木瘿、樟木瘿、花梨木瘿、榆木瘿等，大块者多取自树木的根部，取自树干部位的比较少。瘿木多用于桌面、椅面、椅背和柜面的板芯，一方面是因为面板板芯最有利于展示瘿木美妙的纹理，另一方面在于如果把瘿木截成柱状，可能会因为其结构原因而断裂，造成质量问题。楠木瘿茶桌如图1-22所示。

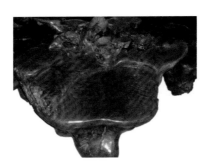

图1-22　楠木瘿茶桌

不同树种的瘿木，呈不同花纹，例如：

楠木瘿，其木纹呈山水、人物、花木、鸟兽状。

桦木瘿，俗称"桦树包"，呈小而细的花纹，小巧多姿，奇丽可爱。

花梨木瘿，其木纹呈山水、人物、鸟兽状。

柏木瘿，其呈粗而大的花纹。

榆木瘿，其花纹又大又多。

枫木瘿，其花纹盘曲，互为缠绕，奇特不凡。

瘿木一般很少见到大料，仅有《博物要览》卷十记载："余昔于重庆余子安家得卓（桌）面，长一丈一尺，阔二尺七寸，厚一寸许……"现在的传世家具中，基本上见不到此类大型瘿木桌面面板。

目前市场上以花梨木瘿居多(称"大果紫檀"或"佛头瘿")，紫檀木瘿极少。花梨木瘿用手急速摩擦有香味，紫檀则没有或很淡，几乎闻不出来。

瘿木的极品是金丝楠瘿，犹如满面胡花，花中结小细葡萄纹及茎叶之状，被称为"满架葡萄"，非常典雅。

1.3.8　香枝木与黄花梨

最初海南人对当地所产"降香黄檀"通称"花梨"或"花梨木"，这种木材也栽培于现在广东及广西南部，属于国产珍稀红木树种之一。后来为了与其他"花梨木"进行区分而凸显其价值，古旧文物家具中使用的"降香黄檀"木材又常被俗称为"黄花梨"。

"香枝木"也指我国特有的降香黄檀树种之木材，最早出现在广州木业界，又有"土酸枝"之名。广东家具行业中通常称其为"降香木"(药用名为"降香")。所以，从木材树种来看，"香枝木""土酸枝""降香木""黄花梨"所指均为同一树种，即"降香黄檀"。但"黄花梨"在商业领域有乱用之势，有人把"花梨木""酸枝木"中的其他种属也混称为"黄花梨"，或者直接用

"黄花梨"作为所有"花梨木"的代称。后来，国家《红木》标准的编制者在国家标准中采用"香枝木"而不用"黄花梨"这一名称，专指"降香黄檀"，主要是希望结束"黄花梨"家具用材树种名称之混乱现象，促进红木家具行业的健康发展。2017年新版《红木》国家标准中仍无"黄花梨"这个名称，该标准中设置有"花梨木类"和"香枝木类"两个类别，"花梨木类"并不包含"降香黄檀"，而"香枝木类"专指"降香黄檀"。越南香枝木碗如图 1-23 所示。

前文已经提及，"黄花梨"在家具行业（包括旧家具收藏）中，主要是指文物家具所使用的材料。目前除少量用旧料（如旧门窗、房梁等）改制古典家具外，木材市场上已无"黄花梨"商品木材可供（"降香黄檀"属国家保护植物，早已禁止砍伐）。所以，将"降香黄檀"类木材定名为"香枝木"是为了规范当前"红木"家具生产所用商品材料名称，使今天的"花梨木"类材料不同于文物家具领域中的"黄花梨"。黄花梨大笔筒如图1-24所示。

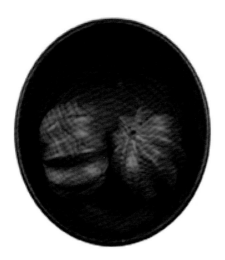

图1-23 越南香枝木碗

图1-24 黄花梨大笔筒

1.4
中式家具的常见品类

1.4.1　床榻类

1.4.1.1　床

今天来看，床的概念似乎很清楚，主要是指供人睡卧的用具。但古代床的概念可不完全是这样。床的概念经过了漫长的历史演变，出现过多种含义。

《说文·木部》："床，安身之几坐也。"安身，身体安稳的意思。由此引申出起承托稳定作用的东西，实际上就是底座，所以有琴床、机床、车床、笔床。由"床"构成的复合词的中心语义是：起安稳作用的底座。

在古代，"床"这个名称的使用范围很广，不仅卧具称床，其他用具也多有称床的：古代供跪坐的器物，如同今天还在使用的打坐蒲团，也称床；汉代自胡人传入，为垂足而坐，颇似今日行军椅的叫作"胡床"；唐代自印度传入，为了靠背垂足而坐，像椅子一样叫作"绳床"。明十三陵定陵，有"灵床"，是放置灵柩的底座。《齐民要术·养羊篇》："白羊三月得草力，毛床动，则铰之。""毛床"指在底部的羊毛，贴近羊身的部分。还有人把自己所骑的马也称为床，名曰"肉胡床"。床，《辞海》中还有一个解释是后院水井的围栏。按照这种解释来理解李白《静夜思》中的"床前明月光"即月光照在井边的场景，似乎更符合"思乡"的意境。

《广博物志》记载，相传神农氏发明了床。原始社会，人们生活条件简陋，还没有床，睡觉只是铺垫兽皮、树叶等，掌握了编织技术后才开始铺垫席子。床的出现与席子的使用有关。商代甲骨文中，已有像床形的字，说明商代真正有了床。但从考古出土的实物来看，最早的床是春秋战国时期的，在河南信阳长台关一座大型楚墓中曾发现一围有栏杆的床，上面刻绘着精致的花纹，下有高仅19cm的6个矮足。

春秋以来，床往往兼作其他家具，坐卧两用。汉代刘熙《释名·释床帐》云："人所坐卧曰'床'。床，装也，所以自装载也。"《诗经·小雅·斯干》："乃生男子，载寝之床。"《商君书》言："是以人主处匡床之上，听丝竹之声，而天下治。"这时的"床"包括两个意思，既是卧具，又是坐具。"载寝之床"说的是卧具。"人主处匡床之上"则说的是坐具。可卧的床当然也可用于坐，而专为坐的床都较小，不能用于卧。

传为晋代著名画家顾恺之的《女史箴图》中所画的床，高度已和今天的床差不多。另外，还曾出现一种四足的高床。但当时床仍未成为睡卧的专用家具。

唐代出现桌椅后，人们的生活饮食等都是坐椅就桌，在床上就座的活动逐渐减少。床由一种多功能的家具，慢慢退而成为专供睡卧的用品。雕花罗汉床如图1-25所示。

1.4.1.2 架子床

架子床是中国家具与传统建筑趋同的典型例子，在结构、工艺技术和装饰方法上都有极其相似的地方。架子床通常为由四根或六根柱杆与床顶的横杆组成的框架结构，因为与木构建筑的顶架类似，所以叫作"架子床"。

架子床的木架结构与中国传统建筑的立柱横梁相似：架子床的上方有挂檐，与建筑中的楣子相像；床的四周设围子与栊子板，做法与建筑中的栏杆相仿。挂檐、栊子板上的雕刻与建筑中隔扇、窗棂上的雕刻相呼应。整座架子床（图1-26）很像是精雕细刻袖珍版的中国传统木结构房屋。

架子床的门有月洞形、方形和花罩式多种样式，床面也分棕、藤、木板多种，南方以棕面为多。架子床是居室中最大的家具，同时也是装饰的重点，在挂檐和栊子板上都有精美、复杂的雕刻，人物花卉常描金。

传统建筑特别是正房，通常为"一明两暗"格局。明为客厅，卧房则为暗间，而床是卧室的主要家具。因此，床是一种私密性较强的家具，虽然装

图1-25　雕花罗汉床

图1-26　架子床

饰得再精美也不太会有更多机会与外人分享或是向人夸耀。但我们的祖先对床仍重视和偏爱，因为人生不仅有三分之一的时间要在床上度过，更主要的是在心理上将多子多福的祈愿与床紧密联系在一起。

1.4.1.3 拔步床

拔步床出现在明代晚期。拔步床是在架子床的前端再增设一进或多进围廊，体量比架子床更为庞大，结构也更加复杂。拔步床安有门洞和窗棂，挂檐向外突起，是装饰的重点所在，常绘有吉祥图案以及精美的雕刻，髹漆彩绘富丽堂皇，装饰图案会一直延伸到四周的围栏板。花梨木嵌骨彩绘拔步床如图1-27所示。雕花板撒螺钿粉拔步床如图1-28所示。

图1-27 花梨木嵌骨彩绘拔步床

图1-28 雕花板撒螺钿粉拔步床

拔步床增加了床的进深和层次，给人以庭院建筑"进"的感受，在多层围廊中还分别安置有小型的桌椅、书架、灯具、便桶等物，增强了床的附属功能，一张拔步床就像是一间功能齐全的套房。拔步床通过增设多个层次的围廊，营建了床席的私密气氛，是制作更为复杂、功能更为多样的一种床，也是一种贵重的床。

1.4.1.4 榻

榻是床的一种，又称罗汉床。通常把规格较小的称为榻（图1-29），规格较大的称为罗汉床。带榻几和脚踏的罗汉床如图1-30所示。除了比一般的卧具床矮小外，其他方面差别不大，所以习惯上总是床榻并称。榻，一般比较矮，比较窄，有两人坐用的，为合榻，也有专供一人独坐的榻。

《释名·释床帐》曰："长狭而卑曰'榻'。言其榻然近地也。小者曰'独坐'，主人无二，独所坐也。"《通俗文》曰："床，三尺五曰榻，板独坐曰枰，八尺曰床。"也就是说，榻一般指狭长而低矮的坐卧用具。

从功能上讲，别称为"罗汉床"的榻因为体型较为宽大，给人以庄重之感，因此常被文人士大夫陈列于侧厅，用来待客和休息，很像今天客厅里的大型沙发。床间铺有褥子，中间设榻几，宾主以为界，各坐一侧，几上备有茶具、烟具、文房用品等以方便随时取用。另有与之不同的榻，如女士专用的"贵妃榻"，又称"美人榻"，造型小巧玲珑，做工考究，靠背一头略高做成书卷形，另一头略低，曲线优美，有很强的女性特征。

图1-29　榻

图1-30　带榻几和脚踏的罗汉床

1.4.2 桌椅类

1.4.2.1 桌

桌子是一种常用家具，上有平面，下有腿或者其他支撑物作为支柱，可在上面放东西或做事情，用以吃饭、写字、工作等。桌是由几案类家具发展演化而来。

桌，古代亦写作"卓"或"椟"，今天都写作"桌"。桌子的早期形象可见唐代敦煌壁画85窟中的方桌，仅方形木板下置四根方形柱腿。我国桌子究竟始于何时，至今说法不一，目前尚有争论，但一般认为起源于汉或唐。

桌的种类，从造型角度讲，有正方桌、长方桌、圆桌、椭圆桌、半圆桌等。从功能角度讲，有餐桌、书桌、画桌、琴桌、炕桌、麻将桌等。此外还有供桌，是祭祀神明先祖时摆放供品的桌子，旧京俗语说："年年有个家家忙，二十三日祭灶王，当中摆上一桌供，两边配上两碟糖。"书桌如图1-31所示。方桌如图1-32所示。长条形桌如图1-33所示。

图1-31　书桌

图1-32　方桌

图1-33　长条形桌

1.4.2.2 椅

椅子是一种有靠背（有的还有扶手）的坐具。"椅"本是一种树木的名称，也有说法认为"椅"也作"倚"，是"车旁"，即车的围栏。其作用是使人乘车时有所依靠。后来的椅子，其形式是在四足支撑的平台上安装围栏，可能就是受车旁围栏的启发，并沿用其名而称这种坐具为"椅子"了。

据文献记载，椅子的名称始见于唐代，而椅子的形象则要上溯到汉魏时传入中原的胡床。敦煌285窟壁画就有两人分坐在椅子上的图像；257窟壁画中有坐方凳和交叉腿长凳的妇女。这些图像生动地再现了南北朝时期椅、凳在仕宦贵族家庭中的使用情况。尽管当时的坐具已经具备了椅子、凳子形状，但因其时没有椅、凳的称谓，人们还习惯称之为"胡床"，在寺庙内，常用于坐禅，故又称"禅床"。唐代以后，椅子的使用逐渐增多，椅子的名称也被广泛使用，才从床的品类中分离出来。因此，论及椅、凳的起源，必须从汉魏时的胡床谈起。胡床开始并无靠背，形如今天所见的马扎。唐代始有靠背。

椅从床具的品类中分离出来，是家具从低型转向高型的标志。五代至宋，高型坐具空前普及，椅子的形式也多起来，出现靠背椅、圈椅（图1-34）、梳背扶手椅（图1-35）等。根据尊卑等级的不同，椅子的形制、质料和功能也有所区别，皇帝上朝时坐的椅子越来越豪华，往往使用珍贵木材，雕龙画凤，被称为"宝座"。浮雕龙纹宝座如图1 36所示。宋代曾经流行一种交椅，等级高于其他椅子，稍有身份的家庭都置备交椅，供主人和贵客使用。"第一把交椅"成了身份和地位的象征，这在《水浒传》等小说中常有记载。

图1-34　圈椅

图1-35　梳背扶手椅

图1-36　浮雕龙纹宝座

1.4.2.3 交椅

交椅的前身就是由北方游牧民族传入中原的"胡床",后来又称为"绳床",增设了靠背,靠背分圆、直两种。交椅是椅子最早的式样,由交杌(马扎)演进而来,也叫作"逍遥座"。因为交椅重量较轻,插足可以折叠,便于携带,最早出现于军营中,是行军作战和户外活动时有身份的官员和长者的座椅,所以在明清小说中,交椅也就成了官阶的代名词。常将官员的级别次序以交椅来安排,俗称"第几把交椅"。

图1-37　红酸枝交椅

交椅的特征是腿部相互交叉,背板为圆弧形曲木与扶手连成一体,这种设计在后来的圈椅中得到了继承和发展,底部设有脚踏。为了便于折叠携带,座面多为藤麻编制的软面,交接部位饰有金属片增加牢固度与装饰效果。交椅古朴雅致,颇受文人喜爱。红酸枝交椅如图1-37所示。

1.4.2.4 圈椅

圈椅也称"罗圈椅",是明式家具的主要代表样式之一。它的显著特征是圈背与扶手一顺而下,由一条优美的曲线连为一体,扶手两端向外翻出,做成"鳝鱼头"式样。明式圈椅造型舒展优美,靠背与扶手相连的圆形设计一气呵成,如同书法的"一波三折",给人以畅快淋漓之感。红酸枝圈椅如图1-38所示。黄花梨圈椅如图1-39所示。

图1-38　红酸枝圈椅

圈椅一般布置在书房、园林小筑和雅室中,是朋友相聚时的舒适雅座。

图1-39　黄花梨圈椅

1.4.2.5 官帽椅

除了圈椅和交椅之外，凡是有靠背同时又有扶手的椅子，都被称为"扶手椅"。"官帽椅"因其搭脑两头伸出的部位与当时官吏所戴帽子——幞头的样式相近而得名。幞头为前低后高，从侧面看与扶手椅颇有些相似。官帽椅是明式家具中具有代表性的座椅样式，其中搭脑与扶手都出头的称为"四出头官帽椅"。只有搭脑出头扶手不出头（"二出头"）的扶手椅也是"官帽椅"的一种。

四出头官帽椅是明式家具中的典型款式之一。黄花梨四出头官帽椅如图1-40所示。搭脑为弓形

图1-40　黄花梨四出头官帽椅

的"纱帽翅式"，两侧扶手安有"联帮棍"，设计的弧度正好符合人手臂自然弯曲的形态，背板按人脊柱曲线呈S形，非常符合人体工程学的原理。因为与人体接触的部位都被做成了圆面，触摸之下会给人温润细滑的舒适感。

官帽椅造型庄重、富有张力又不露锋芒，与当时文人崇尚的理学所具有的内敛品格有几分相合。官帽椅常以成对的对称方式布置于厅堂之中，是族中长辈与尊贵客人专用的座位。

图1-41　直楞玫瑰椅

图1-42　黄花梨玫瑰椅

1.4.2.6 玫瑰椅

玫瑰原意为美玉。《史记·司马相如列传》："其石则赤玉玫瑰。"又曰："玫瑰碧琳，珊瑚丛生。"其中"玫瑰""碧琳"都是指美玉，是称这种座椅珍贵而美丽。

玫瑰椅（图1-41，图1-42）又称"文椅"，它的特点是搭脑与扶手都不出头，而且后背与扶手的

高度差距较小，在南方较多见，因为北方官帽椅多出头，所以又把不出头的玫瑰椅称为"南官帽椅"。玫瑰椅之所以被称为"文椅"，在于其造型文静、小巧、秀美、俊雅，透出一股书卷气，是明清文人书房中必备的坐具。明代玫瑰椅多选用黄花梨与鸡翅木，清代则喜用紫檀。

1.4.2.7　靠背椅

简单地说，有靠背而无扶手的椅子统称为"靠背椅"。其规格较官帽椅略小。常见的靠背椅造型有两种：一种椅背、搭脑与玫瑰椅相近，搭脑横梁不出头，称为"一统碑"式；另一种则是搭脑横梁出头并略微上翘，好似灯杆，故其名曰"灯挂椅"。

椅子靠背的主体部位由若干根规格和间距相等的圆柱构成，形似木梳的靠背椅，称"梳背椅"。鸡翅木梳背椅如图1-43所示。

图1-43　鸡翅木梳背椅

1.4.2.8 太师椅

在红木家具的椅类中，太师椅是一个常见的名词。其实，太师椅并非专指某种特定的椅子。时代不同，其所指也有不同。宋代有一种圈背交椅，在达官显贵之中很是流行。而明代则将圈椅称为"太师椅"。还有一种说法，因椅子上雕有大狮小狮，寓意太师少师，所以称太师椅。

太师椅为官家用椅，多采用紫檀木、酸枝木等红木制作，外形威严稳重。一对连茶几镶大理石太师椅如图1-44所示。一对连茶几灵芝纹镶大理石太师椅如图1-45所示。

图1-44
一对连茶几
镶大理石太师椅

图1-45
一对连茶几灵芝纹
镶大理石太师椅

1.4.2.9　凳与墩

没有靠背、没有扶手的坐具被称为"凳"。凳可能是椅的简化形式，也有人认为凳的最初功能是用来踩的（比如上马凳），而不是用来坐的，因而并非椅的形态转化。《释名·释床帐》曰："榻登，施大床之前、小榻之上，所以登床也。"可见凳最初可能是用作上床前踩踏的家具。

凳子的总体造型，从明代到清代大致是由长方形向正方形变化。明代的凳子以长方形的较多，清代的椅子则是以正方形的较多。

红木家具中凳子的式样较多，有方凳、条凳、交杌凳和圆形的鼓凳等。方凳一人一座，长条凳可坐二到三人。较有特色的是花样繁多的坐墩，因为常在座面上盖一块丝织物，所以又叫作"绣墩"。四方凳如图1-46所示。六角方凳如图1-47所示。交杌凳如图1-48所示。

绣墩与凳的一个明显区别是，绣墩脚下安有托泥，凳子则四脚着地。形状也有四方墩、八方墩、圆墩、鼓墩等多种。坐墩小巧玲珑，样式多姿多彩，做工精美，华丽又便于携带，所以深受女眷的喜爱，在戏曲和清代年画中是女性的标准坐具。五开光鼓墩如图1-49所示。圆形雕花鼓墩如图1-50所示。

1.4.3　箱柜类

1.4.3.1　箱、柜、橱

箱、柜、橱均属于储藏类家具。

柜古称为"椟"，又写作"匮"。《尚书·金縢》中有"金縢之匮"的故事："（武）王有疾……（周）公归，乃纳册于金縢之匮中"的记载。不过那时的柜倒颇类似于箱。而古代的箱则指车内存放东西的地方。《说文解字》中就有"箱，大车之箱也"的记载。从今天的箱、柜式样来理解，应该说，无足支撑者为箱，如衣箱、药箱等；有足支撑者为柜。考古发现的早期实物有曾侯乙

图1-46　四方凳

图1-48　交杌凳

图1-49　五开光鼓墩

图1-47　六角方凳

图1-50　圆形雕花鼓墩

墓出土的战国时期漆木衣柜。唐代出现了较大的柜，并出现了专用书柜、衣柜。唐代诗人白居易有诗云"破柏作书柜，柜牢柏复坚"。

而早于唐的两晋时期就已经出现了橱。橱原为厨房专用家具，用来储藏食物等。后来功能逐渐扩大，派生出许多用途的橱，到明清时期又派生出了"格"。

柜橱的品类也丰富多彩。从造型上划分，有横柜、立柜、顶竖柜、顶与箱相结合的顶箱柜、三联柜、圆角柜、闷仓柜、二联橱、三联橱、五斗橱等。

图1-51　一对龙纹顶箱柜

从功能上划分，有衣柜、书柜、钱柜、药柜、粮柜、炕柜、碗橱，以及俗称"气死猫柜"的家具，实为储存食物的橱。门板为梳背形，既透风，防止食物腐坏，又防猫偷食，故称"气死猫柜"。

图1-52　翘头柜橱

从用料角度讲，高档柜类使用红木较多，而日常橱类则较少用红木。箱类用红木也较少，最有名的则是樟木箱，之所以常常用樟木做箱子，是因为香樟木能常年散发一种特殊的浓郁香味，防虫、防蛀、防潮、防霉效果特别好。一对龙纹顶箱柜如图1-51所示。翘头柜橱如图1-52所示。木箱如图1-53所示。黄花梨官皮箱如图1-54所示。

图1-53　木箱

1.4.3.2　多宝格

多宝格，亦称"博古架""百宝格""万宝格"。顾名思义，其主要用途是摆放古玩、珍品、工艺品。虽然看来使用价值较为单一，然而它却承载着人类物质文明和精神文明的精华。双面透空多宝格如图1-55所示。

图1-54　黄花梨官皮箱

多宝格的独特之处在于，它将格内空间分割成错落有致、大小不一的形态。主人在大小不同的格子内分别摆放不同的小件装饰物品，从而打破整齐一致的死板，也符合收藏品大小不等的特点，带来视觉上的愉悦。多宝格本身就是美轮美奂的艺术品。

多宝格独特的文化品位、美学价值和使用价值，在品类繁多的红木家具中堪称出类拔萃的佼佼者。

多宝格从造型上划分，大多为常见的长方形的，但也有奇巧多变的圆形、半圆形、桃形、瓶形和扇形的；有单件的，也有组合的；有单面观赏的，也有可双面观赏的；有全部结构由架格组成的，也有带门带屉的；有素雅的，也有雕饰的。至于规格尺寸，更是多种多样。可谓百花齐放，异彩纷呈。带底柜多宝格如图1-56所示。带抽屉多宝格如图1-57所示。

多宝格是从柜橱类家具发展演化而来的。明代的柜橱有很大发展，品种繁多。特别值得注意的是，明代出现了亮格柜（图1-58），其结构是上为架格，中为抽屉，下为柜门。也有不带抽屉的。由于这种亮格柜流行于明代万历年间，故又称"万历柜"。再有，明代的书格、栏架格主体部位前不装门，后无背板，分层而设，双面透空。栏架格还装有较矮的栏板，高雅别致。应该说，这些是多宝格的雏形。

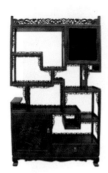

图1-55
双面透空多宝格

图1-56
带底柜多宝格

图1-57
带抽屉多宝格

图1-58
亮格柜

我们今天常见的"多宝格"是在清代才开始形成的。多宝格大部分见于宫廷或官府，也有的在民间"大户人家"中。它兼有储藏和陈设的双重作用，主要是陈设之用。

制作多宝格的材料，包括松木、楠木、榉木、花梨木，甚至紫檀木，也有用老红木制作的。小叶檀多宝格如图1-59所示。

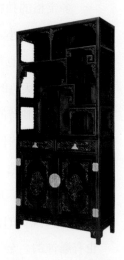

图1-59　小叶檀多宝格

1.4.3.3　多宝格产生于清代的原因

跟其他家具一样，多宝格也是时代的产物。与其他家具相比，多宝格算是出现比较晚的家具。现在收藏界人士一般认为富贵高雅的多宝格产生于清代。据《马未都说收藏·家具篇》介绍："我们从雍正《十二美人图》上面可以看见当时多宝格的形象，推测多宝格是雍正年间发明的。"关于多宝格在清代产生的原因，一般认为包括以下三个方面。

（1）当时工艺美术品空前发达，至少在品种和数量上是前所未有的。清宫内务府造办处最鼎盛时下设四十二作，荟萃天下能工巧匠，征集各地名贵材料，专为皇家设计制作各类工艺品。当时民间工艺也十分发达。当时的这些工艺品，尤其是牙雕、玉雕、瓷器、金银饰品中小件精品的摆放，非常需要一种与之相得益彰、相映成趣的载体。于是，多宝格应运而生。成对的多宝格如图1-60所示。雕饰龙纹的多宝格如图1-61所示。

（2）清代古玩业兴起。关于古玩业，南宋吴自牧《梦粱录》称："如买卖七宝者，谓之骨(古)董

图1-60　成对的多宝格

图1-61　雕饰龙纹的多宝格

行。"但宋代的古董行很有限，难以称"热"。明代收藏崇尚当世之作，也未形成较大氛围。清朝满族统治者吸取元朝覆亡的教训，对汉民族文化采取兼容并蓄的政策。因此，清代社会的上流阶层对前朝遗存艺术品十分重视和珍爱，促使以收藏鉴赏为乐的古玩业兴旺发达。清中晚期，仅琉璃厂一带就有多家古玩铺陆续开业。那么，古玩摆放在哪里？古玩铺的店堂如何布置？多宝格无疑是最佳选择，因而多宝格越发走俏。

（3）受到当时建筑装饰样式的影响。清代出现的"集锦格子"是室内装修隔断的一种，既作为室内分割的屏障，又可摆放各种古玩珍品，是中国独创的一种高艺术品位的室内装饰方法。多宝格正是将柜橱类家具和"集锦格子"巧妙结合改造后产生的一种独立家具，既具有"集锦格子"的展示作用，又具备柜橱类家具方便移动的优点，所以得到很多人的厚爱而发展起来。两面透空多宝格如图1-62所示。

图1-62　两面透空多宝格

1.4.4　屏风类

1.4.4.1　屏风

什么是屏风？《释名·释床帐》曰："屏风，言可以屏障风也。"即可以作为挡风、间隔、遮蔽之用的家具。可见，屏风自诞生之日起，就是室内分割和室内装饰的重要手段，而且具有富贵祯祥、平和性情、镇宅祛邪、江山永固的文化内涵。金漆百鸟图屏风如图1-63所示。

屏风的种类丰富多彩。从形制上划分,有插屏、折屏、挂屏、炕屏、桌屏等。从材质和工艺上划分,有红木类和柴木类木雕屏风、漆艺屏风以及石材屏风、绢素屏风、云母屏风、玻璃屏风、琉璃屏风、竹藤屏风、金属屏风、嵌珐琅屏风、嵌瓷片屏风等。竹雕座屏如图1-64所示。

1.4.4.2 屏风的产生和发展

中华屏风文化历史非常悠久。《物原》有"禹作屏"之说。以此算来,屏风的诞生已有数千年之久。《周礼·掌次》:"王大旅上帝,则张毡案,设皇邸。"邸是屏风的早期称谓,通常设在天子座后,以显示"九五之尊"。历朝历代都是如此。我们今天所能见到的故宫太和殿宝座后的雕龙屏风便是皇权的象征。

《史记·孟尝君列传》:"孟尝君待客坐语,而屏风后常有侍史,主记君所与客语。"《史记·高祖本纪》:"夫运筹策帷帐之中,决胜于千里之外。"可见屏风在王宫和军营中的广泛应用。

随着时代的发展,屏风的品种不断丰富,使用范围也越来越广泛。到了汉唐时期,大户人家多用屏风,尤其是厅堂几乎必设屏风。屏风的作用也由挡风、遮蔽的功能演变为绚丽多彩的装饰艺术品。

汉代,随着汉武帝采纳董仲舒"罢黜百家,独尊儒术"的建议,屏风的题材也多以宣扬儒家礼教为内容。到了两晋南北朝时期,随着佛教的传入,又兴盛佛教题材。到了唐代,屏风题材走向了纯观赏性的山水、人物、花鸟、仕女等,但也大多体现了一种祈福意识。杜牧的《屏风绝句》云:"屏风周昉画纤腰,岁久丹青色半销。斜倚玉窗鸾发女,拂尘犹自妒娇娆。"诗中提到的周昉,是唐代大画家,其代表作是《簪花仕女图》。而宋代屏风则承袭了唐风。

到了明清时期,更是把屏风文化推向了一个新的高峰。特别要强调的是,此时红木类屏风应运而生,异军突起。从材料运用方面讲,主要有两大类。一类是通体全部由紫檀、黄花梨、酸枝木等所组成的木雕红木屏风,木雕技法集

图1-63　金漆百鸟图屏风

图1-64　竹雕座屏

深浅浮雕、镂雕、圆雕之大成。另一类是以红木为边框，屏面为髹漆雕画或者镶嵌玉石的屏风。屏风的品类和数量也是前所未有的。例如，《天水冰山录》记载，明代大奸臣严嵩的抄家物资中大小各式屏风竟有389件之多。至于清代屏风，我们通过故宫、颐和园等地大量藏品中可以领略出中华屏风文化的博大精深。古典名著《红楼梦》中也多处描写各种形制、材质和工艺的屏风。如第七十一回描写贾母八十大寿后，贾母与王熙凤之间的对话：

贾母因问道："前儿这些人家送礼来的共有几家有围屏？"凤姐儿道："共有十六家有围屏，十二架大的，四架小的炕屏。内中只有江南甄家一架大屏十二扇，大红缎子缂丝'满床笏'，一面是泥金'百寿图'的，是头等的。还有粤海将军邹家一架玻璃的还罢了。"

屏风成为当时迎来送往的贵重礼物，可见其地位。

这里，还要特别提及出土文物中的屏风。湖北曾侯乙墓出土的战国时期漆木雕座屏，雕刻有蛇、蛙、鹿、雀等动物以及彩漆描绘的花纹图案。在马王堆出土的大量汉代漆艺家具中，就有油漆彩绘屏风，长方形，下有足座承托。山西出土的北魏时期的人物故事彩绘屏风更是图文并茂。

此外，我们从浩如烟海的史料、典籍、诗词、绘画中可以发现很多关于屏风的描述和描绘。例如，东晋顾恺之的《列女仁智图》、五代顾闳中的《韩熙载夜宴图》、五代周文矩的《重屏会棋图》、明代杜堇的《玩古图》、明代仇英的《竹院品古图》等都画有屏风。其中《韩熙载夜宴图》长卷，就是以屏风和床榻将画面分割为听乐、观舞、休息、清吹、送别五个场景。小叶檀座屏如图1-65所示。

图1-65
小叶檀座屏

1.4.4.3 插屏、挂屏

插屏，亦称"座屏"。形如立镜，下有座架，屏面插入底座。形制比较高档，复杂的还配有顶帽，底座配站牙，组合而成，气势宏伟，又便于拆装。也有屏面和底座实为一体的，但大多是小型的。浮雕花鸟纹插屏（一）如图1-66所示。

插屏一般都是独扇，形体大小各异——大的高约3m，多设在室内当门之处，根据房间和门户的大小来确定其高度。小的则只有20cm左右。浮雕花鸟纹插屏（二）如图1-67所示。

挂屏，即悬挂于墙壁之上的屏风。清初出现挂屏，多代替画轴在墙壁上悬挂，成为纯装饰性的品类。大多为成对、成组条幅式，也有扇形、桃形、梅花形的，还有中堂两侧配一副对联的，也有单幅的。浮雕吉祥纹挂屏（一）如图1-68所示。浮雕吉祥纹挂屏（二）如图1-69所示。

图1-66 浮雕花鸟纹插屏（一）

图1-68 浮雕吉祥纹挂屏（一）

图1-67 浮雕花鸟纹插屏（二）

图1-69 浮雕吉祥纹挂屏（二）

和插屏不同的是，挂屏已脱离实用家具的范畴，成为纯粹的装饰品和陈设品。屏风从最初仅注重使用功能发展到插屏这种使用与欣赏兼具的类型，以及挂屏这种纯粹的装饰陈设类型，其艺术价值得到极大提升。

1.4.4.4　折屏

折屏，又称"曲屏"，即可以折叠的屏风，由多扇连接组成。因无屏座，放置时分折曲成锯齿形，故名"折屏"。造型上有平板和落槽之别。一般为双数组合，如四扇屏、六扇屏、八扇屏、十二扇屏等。每扇之间以挂钩相接，摆放时可曲可直，比较灵活。李商隐的诗作《屏风》："六曲连环接翠帷，高楼半夜酒醒时。掩灯遮雾密如此，雨落月明俱不知"。其中"六曲连环接翠帷"一句，指的就是六扇折屏。四扇窗格纹折屏如图1-70所示。

折屏是从围屏发展而来的，它的装饰功能大于实用功能。屏风在明清时期是非常贵重的家具，大量折屏的出现，表明当时社会的富足。盆景纹五扇屏如图1-71所示。

图1-70　四扇窗格纹折屏

图1-71　盆景纹五扇屏

1.4.4.5 桌屏、炕屏

　　顾名思义，桌屏，是摆放在桌子上的屏风；炕屏，即在炕上安置的屏风。二者的共同点是，它们形制都比较小，属小型屏风，主要是起装饰作用。镶嵌神仙纹屏如图1-72所示。

　　桌屏，亦称"砚屏"，是宋代以来比较普遍使用的装饰摆件。宋代文人赵希鹄的《洞天清禄集·研（砚）屏辨》记载："古无研（砚）屏或铭砚，多携于砚之底与侧。自东坡、山谷始作研（砚）屏，既勒铭于砚，又刻于屏，以表而出之。"浮雕人物纹屏如图1-73所示。镶嵌玉石山水纹屏如图1-74所示。

图1-72　镶嵌神仙纹屏

图1-73　浮雕人物纹屏

图1-74　镶嵌玉石山水纹屏

炕屏是典型的清式家具，清代由于木炕的流行，出现了炕屏。也有的床榻将围子设计制成屏风格式。浮雕镶嵌玉石人物纹屏如图1-75所示。

1.4.4.6 百宝屏风

明清时期，屏风文化发展到了一个新的高峰，品种更加丰富多彩。在红木类屏风中，除木雕屏风外，还出现了以紫檀木、花梨木、酸枝木等为边框，屏面为漆艺雕画的屏风。百宝屏风便是其中的一种，即以象牙、翡翠、碧玉、水晶、珍珠、青金、绿松、玳瑁、珊瑚、琥珀等各种名贵材料加工的浮雕制品镶嵌于屏面之上，以花鸟题材最为常见。民国清式嵌百宝屏风如图1-76所示。

图1-75　浮雕镶嵌玉石人物纹屏

图1-76　民国清式嵌百宝屏风

1.4.4.7　书画屏风

书画屏风是指以绘画或者书法为主要展示面的屏风。早期多指在屏风上涂刷油漆后，直接在漆面上书写或者作画。造纸术发明以后，就出现了很多直接用纸糊成的书画屏风，降低了制作成本，并且还很轻便，最大的优点是方便书写和绘画。书画屏风在很多古籍中都有记载，在一些古画中也有呈现。最早关于书画屏风的记载甚至能追溯到汉代。

书画屏风常以红木为边框，将字画装裱于屏面之上，或直接在屏面上写书法。十二扇祝寿折屏如图1-77所示。清代乾隆皇帝就曾经把自己写的《穿杨说》一文直接写在十二扇折屏上，对"百步穿杨"的成语提出疑问，并以此发议论，批评那些只会空谈，不进行实际调查研究和实践的人。

1.4.4.8　博古屏风

从题材上讲，"博古"与广泛采用的人物、山水、花鸟等题材相比，以古香古色的器皿及精美配饰件为主题，多配以插花，别有一番书卷气，高雅别致。从寓意上讲，有"论古不外才识学，博物能通天地人"之意。以"博古"为题材的红木屏风，既有木雕的，也有红木边框、漆艺镶嵌屏面的。镶嵌博古挂屏如图1-78所示。

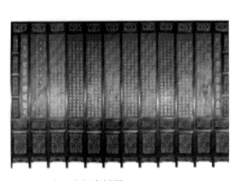

图1-77　十二扇祝寿折屏

图1-78　镶嵌博古挂屏

1.4.5 架子类

架子类家具是指日常生活中使用的悬挂及承托
的用具，主要包括盆巾架、灯架（图1-79）、衣架
（图1-80）、镜架等。

1.4.5.1 盆巾架

盆架和巾架一般组合为上下两层的盆巾架，分
担不同的功能。上部的搭脑可以作为巾架，一般雕
有灵芝、龙首等纹样，中间雕花，是装饰的重点部
位。下层是可以承托盆类的架子，有四角、五角、
六角、八角和米字纹等多种做法。传统建筑通常没
有独立的盥洗室，盆巾架上的毛巾和脸盆曾是普通
的室内盥洗装备。另外，还有一种仅有足架的矮型
盆架（图1-81）。盆架可以说是组合家具的鼻祖，
实用性较强，分布广泛，无论北方或者南方都能看
到它的身影。

1.4.5.2 衣架

衣架是我国较早出现的一种家具。周朝开始实
行礼制，贵族阶层对衣冠十分重视，为了适应这种
需要就出现了专门用来悬挂衣物的架子。我国还较
早出现了专门用来存放衣物的衣箱，战国曾侯乙墓
就出土有完整的衣箱一只，上绘二十八星宿，十分
精美。古人往往是将换季后的衣物存放在衣箱内，
为了取用方便，日常衣物就放置于衣架上。

古代的衣架和今天的衣架有着天壤之别。古代
人穿的丝绸衣服只需要往架子上随意一搭，能保证

图1-79
灯架

图1-80
衣架

图1-81
矮型盆架

图1-82
龙首纹衣架

中牌子

图1-83
凤头纹衣架

图1-84
镂雕龙纹灯架（左）

图1-85
六足配站牙灯架（右）

不起皱就行，今天的衣服则需要吊挂起来，才能保持笔挺。所以，古代的衣架是真正的架子，今天的衣架只是简单用作吊挂衣服的三角形支撑。

到明清时期，衣架多选用柴木制作，但大户人家也常选用黄花梨、紫檀等贵重木料，制作也极为精良。图1-82为龙首纹衣架。衣架需承受衣物的重量，保持平衡是最重要的，所以对衣架的底座比较重视，通常以雕花木墩为座，墩有立柱相连，柱上有圆雕搭脑挑出。中间安装中牌子（"中牌子"是衣架中部连接两侧立柱的装饰构件，通常用透雕、攒接等方法做成。因为衣架多用横木和立柱做成而较少板状形态，所以"中牌子"部位的面板型构件尤为突出，颇似一块"招牌"，算得上是衣架的重要装饰部位）。图1-83为凤头纹衣架。古代衣架所有横材与立柱相交处，多配有雕花挂牙和角牙，有装饰和加固双重功能。

1.4.5.3　灯架

灯架的结构一般由三部分组成。顶部安有圆盘作为灯座或蜡扦，并配以纱罩，以红白色居多。高档的还会雕龙，称为"龙灯"；如雕凤，称为"凤灯"。图1-84为镂雕龙纹灯架。龙凤灯多为成对组合。中部为立柱，有方形的，也有圆形的，有素雅的，也有雕饰的。底座有三足鼎立式的，也有圆形底盘或方形底盘；有配站牙的（图1-85为六足配站牙灯架），也有不配站牙的。结构上有升降式和固定式两类。升降式灯架又叫作"满堂红"。风格多样，异彩纷呈。

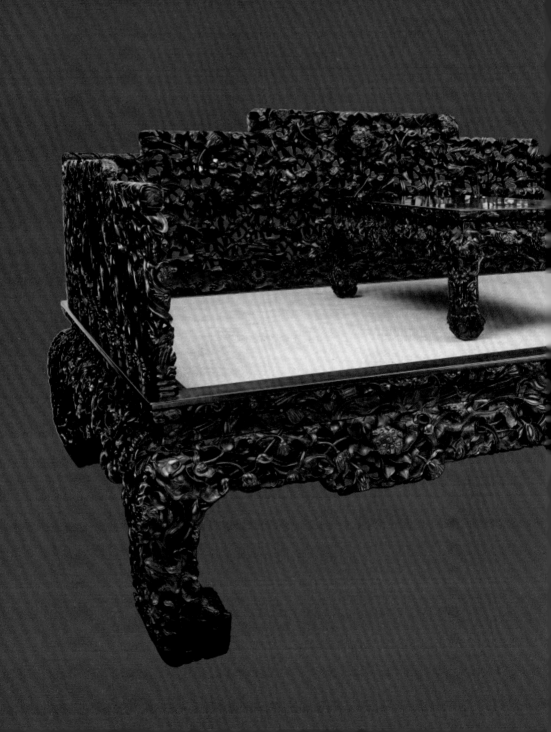

02

术语篇

2.1
传统家具结构术语

2.1.1 牙子

传统家具行业中所称的"牙子"（图2-1），是指位于家具立木与横木之间的部件。它算不上家具的主要部件，是家具的辅助性结构，但同时也往往是雕刻花纹的所在之处，发挥着重要的装饰作用，类似传统房屋建筑结构的雀替。

图2-1　牙子

一般将横向比较长的牙子称为"牙条"，将出现在转角部位很短小的牙子称为"牙头"，将屏风、衣架等家具底座两边的牙子称为"站牙"。传统家具使用牙子的情形很常见，桌案等家具通过使用横向较长的牙条显得更加流畅精致；家具转角部位使用短小的花牙，牙头上精细雕琢的纹理使家具温婉秀美；传统衣架借助透雕的挂牙、托角牙子、站牙变得玲珑剔透，姿态婀娜。

2.1.2 枨子

枨子用于传统家具的大构架之间，起连接作用，让家具更加稳定。明代家具的枨子已经逐渐改

图2-2 罗锅枨

图2-3 霸王枨

图2-4 矮老

变了之前总是笔直的单一形态，有了罗锅枨等样式变化，注重发挥枨子的装饰作用，兼有结构功能和装饰美化的双重作用。

罗锅枨（图2-2）是明式家具中最常见的枨子之一，也叫作"桥梁枨"。罗锅枨指一般用于桌、椅类家具之下连接腿柱的横枨，因为这种枨子中间高拱，两头低，形似罗锅而得名。

霸王枨（图2-3）也是明式家具常用的枨子形态，它上端托着桌面的穿带，用销钉固定，下端支撑在腿足中部靠上的地位。枨子下端的榫头向上勾，与腿足上凿出的下大上小而且向下扣的榫眼相连。榫头从榫眼下部口大的位置插入后，再向上一推，便勾挂住了腿足。接头处的空隙用木楔塞紧固定，结构非常牢固。

2.1.3 矮老

矮老（图2-4）是枨子的一种，专指那种短小的竖枨子，往往用在跨度较大的横枨上，发挥连接和加固作用。矮老常常与罗锅枨配合使用，如桌案类家具通常用矮老连接案面与其下的横枨，起支撑桌面和加固四腿的作用。

2.1.4　卡子花

卡子花（图2-5）是对矮老进行美化形成的一种样式，意思是卡在两条横枨子之间的雕镂装饰。卡子花多数是用木材雕刻镂空而成，偶尔也有用其他材料制成的，如镶嵌玉石等，通常用榫卯的方式进行连接。常见的卡子花形态有双环卡子花、单环卡子花、枫叶卡子花等。

图2-5　卡子花

2.1.5　圈口与券口

圈口与券口是指传统家具立柱之间经过镶嵌一定宽度的装饰板材（牙板）后留出或镂空的空洞。比如椅、凳类家具，在四条立柱之间镶板，形成四周有框，中间镂出空洞的形式就是圈口或券口。圈口与券口的区别在于，在上、下、左、右四边都有镶板的叫作"圈口"（图2-6），在上、左、右三面镶板，下面没有镶板的叫作"券口"（图2-7）。因为镶嵌的牙板边缘线形的差异，圈口或券口的形态也有差别。这种空洞形态通常就成为圈口或券口的名称，如壶门券口、鱼肚券口、椭圆券口、方圆券口、菱花券口等。

图2-6 圈口

图2-7 券口

2.1.6 搭脑

搭脑（图2-8）本来专指椅背上端的横梁。因为人坐在椅子上时，脑袋后仰能搭靠在这个横梁上，所以称这个横梁为"搭脑"。后来这个名称被延伸用于毛巾架、盆架、衣架，这些家具顶端的横梁也被称为搭脑。搭脑有圆形、扁形、方形三种基本形状，在三种基本形状的基础上，又有直线、弓背形曲线、向上翘起的曲线、中间突起两边下滑的曲线，还有圈椅后背的椅圈顺势延至前段扶手的曲线等，变化多样，线形各异。但经典明式红木家具的搭脑不论是直线还是曲线，都具有流畅挺秀的特色，是此类家具形式美的重要组成部分。

图2-8 搭脑

2.1.7 托泥与龟足

托泥，顾名思义，有"托起家具防止沾泥"的意思，是指在椅凳、床榻、桌案等家具的四腿下端加方形或圆形的底框，使得家具四条腿落在底框上而不直接落地，这种底部的框架就被称为托泥。为家具加托泥的做法可以追溯到魏晋南北朝时期，只不过那时还不是框架，而是以箱形结构出现的。托泥"防止沾泥"的功能似乎没有太大的实际意义，但它确实能发挥加固四条腿的功能，同时也能美化家具腿部，改变了家具落地部位的形态，避免了单调感。有些家具在托泥的下部还另有几个向下凸起的结构，被称为"龟足"。托泥和龟足如图2-9所示。玫瑰椅各部件名称示意如图2-10所示。花台各部件名称示意如图2-11所示。架子床各部件名称示意如图2-12所示。衣架各部件名称示意如图2-13所示。

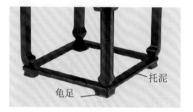

图2-9 托泥和龟足

图2-10 玫瑰椅各部件名称示意

图2-11 花台各部件名称示意

门罩

楣板

立柱

束腰

图2-12 架子床各部件名称示意

搭脑

中牌子

角牙

立柱

墩座

鞋托

图2-13 衣架各部件名称示意

2.2
传统家具
与红木家具名称术语

2.2.1 老红木

老红木，从名称就可知为经历时间很长的红木。家具行业所说的老红木专指在砍伐后又经过了上百年的红木。现在的老红木一般指清代中期从东南亚进口的红木。

传统意义上的红木在《红木》国家标准中应为酸枝木类的一种，即交趾黄檀，主要产于老挝、泰国等东南亚国家。我国在清末民国初年之前，广西、云南等地也有，但现在能用作家具制造的成形树木基本上绝迹了。其木质坚硬、细腻，可沉于水，一般要生长数百年以上才能使用，色泽紫红，纹理清晰、富于变化，结构细密。它区别于其他木材的最明显之处在于其木纹在深红色中常常夹有深褐色或者黑色条纹，给人以古色古香的感觉。其木材幅宽较大，棕眼细长，密度介于紫檀和黄花梨之间。图2-14为老红木切面。

图2-14 老红木切面

因为老红木富含蜡质，只需打磨、擦蜡，即可平整润滑，光泽耐久，给人一种醇厚的含蓄美，因此用老红木制作的家具一般同紫檀一样采用打蜡的方法进行防护，而不是用漆。图2-15为老红木梳妆盒。

正因为老红木的许多性能，如富含蜡质、紫红色泽，近似于紫檀，因此老红木和黄花梨、紫檀并列为明清时期宫廷的三种专用木材。

之所以有"老红木"的说法，就是因为砍伐后的经年累月间，红木的内部结构也悄悄地发生着变化，结构会越来越紧密，硬度和密度越来越高，抗变形能力也越来越强，表现在色彩、纹理等特性上与新红木也有很大差别。一般来说，老红木颜色较深，大多呈紫红色，有的色彩近似紫檀，只是颜色较浅一些，纹理细腻，棕眼明显少于新红木，手感舒适。新红木一般颜色黄赤，木纹、色彩较之老红木有一种"嫩"的感觉，质地、手感均不如老红木。

图2-15 老红木梳妆盒

2.2.2 明式家具

业内对何谓"明式家具"是有争论的。一种观点认为，明式家具是指明代至清代前期生产的，具有鲜明时代特点的一种家具，但实际上，此观点所谓"明式"应改为"明代"更为确切。而另一种观点所说的"明式"则是就其基本特征和艺术风格而言的，而且是一个渐进的过程，并非以时间为界限"一刀切"。因此，可以将两种观点相融合，从狭义与广义两个角度来解释。

从狭义角度讲,"明式家具"是指明代至清代前期生产的,具有鲜明时代特点的一种家具。从广义角度讲,明代,乃至自明代至今,凡具有明代风格特征的家具,皆可称为明式家具。

2.2.3 隆庆开关

隆庆是明朝第十二个皇帝明穆宗朱载垕的年号。明穆宗在位仅六年,主要有两件事情对后世产生了很大影响,也大大影响了家具业的发展。其一是调整对当时北疆蒙古地区的政策,改变了明王朝与该地区长期敌视的状况,出现了有名的"俺答封贡",从此北疆安定,边贸互市繁兴;其二是调整海外贸易政策,允许民间私人远贩东、西二洋,史称"隆庆开关"。

"隆庆开关"使民间私人的海外贸易获得了合法地位,标志着明朝的对外交往从官府层面转向民间层面,使曾经为官方独占的海外贸易逐步让位给更加具有活力和发展前途的民间海外贸易,对明末资本主义的萌芽有重要意义。

明代周起元《东西洋考》序中说:"……我穆庙(指明穆宗)时除贩夷之律,于是五方之贾,熙熙水国……其捆载珍奇,故异物不足述,而所贸金钱,岁无虑数十万,公私并赖,其殆天子之南库也。"所谓"除贩夷之律",就是开放海禁允许私人海外贸易。此后,中外贸易额度大增,种类繁多,盛况空前,东南亚地区产出的优质硬木料如紫檀木、花梨木等得以大量输入我国,为明式硬木家具制作提供了充足的物质条件。海禁解除,这是明式硬木家具能在明代中期兴起的重要原因之一。

2.2.4 清式家具

中国传统家具发展到清代，不仅形成了独具一格的清式家具，而且产生了具有浓郁地方特色的不同艺术流派。

清式家具的艺术流派有很强的地域性特点，即以地域为划分标准，大致可分为苏式家具、京式家具、广式家具、宁式家具、徽式家具、扬州家具、湖南竹制家具、云南家具、晋式家具、湖北树根藤瘿家具、鲁作家具等十一派。

然而，影响最为广远的，是被人们称为"三作"或"三式"的苏式家具、广式家具和京式家具。

2.2.4.1 苏作

苏式家具亦称"苏作"，主要指苏州及周围地区制作的家具。苏州地区人杰地灵，文人墨客辈出。家具制作中很多文人都亲自参与设计，使苏式家具有很深厚的文人气质。

苏式家具形成较早，制作传统家具的技术力量较强，其造型和纹饰朴素大方，造型优美，线条流畅，结构合理，比例适度，雕琢细腻，圆润清丽，玲珑剔透。苏式家具的另一特点是用料节省，惜材如金，大件器物还多用"包镶"技法，即以柴木为骨架，外面粘贴红木薄板，技术要求很高，甚至很难让人看出破绽。必须要说明的是，"包镶"本是一种工艺技术，而非作假。但经营者应如实告知消费者，否则就是作假。苏式家具常以紫檀、花梨等红木，以及榉木等柴木为主要材料。

举世闻名的明式家具即是以苏式家具为主，它以造型优美、线条流畅、用料及结构合理、比例尺寸合度等特点及朴素大方的格调博得了世人赞赏。进入清代以后，苏式家具开始向繁缛转变。清代苏式家具既注重装饰又体现节俭，小料堆攒或贴皮包镶，即使镶嵌也充分利用材料。装饰题材多采用历代名人画稿及传统纹饰，如岁寒三友、山石花鸟、海水云龙、折枝花卉等很普遍，西洋花纹较少。一般以缠枝莲和折枝莲区别苏式与广式。苏作条案如图2-16所示。

图2-16　苏作条案

清代中期，由于广式家具上升势头迅猛，苏式家具不得不改变风格并汲取广式工艺，形成"广式苏作"。

2.2.4.2　广作

广式家具亦称"广作"，是指南方广东地区，以广州为中心制作的一种独具特色的家具，盛于17世纪末至18世纪，是清代乾隆以来形成的讲究豪华风格的家具流派。广作书案如图2-17所示。

广式家具的制作，一方面继承了中国优秀的传统家具制作技艺，另一方面大量吸收了外来文化艺术和家具造型手法，创造了具有鲜明风格和时代特征的家具样式。

广式家具的特点，一是造型端庄稳重，用料粗大充裕，豪华大气。二是木质一致，一种家具全用一种木料制成。三是装饰花纹变幻无穷，雕刻深峻，刀法圆熟，线条流畅，磨工精细。其既有来自西方的莲叶纹等纹样，也有中国传统的夔纹、海水云龙、凤纹和螭纹等，镶嵌和玻璃油画艺术也被广式家具吸纳。

广式家具用料以酸枝木为主，亦有紫檀木及花梨木等。为了显示红木的色质美和天然花纹，精心打磨后直接涂擦由天然生漆与熟桐油混合而成的"广漆"。

2.2.4.3　京作

京式家具亦称"京作"，主要指清宫造办处生产的、具有宫廷风格的家具。一对京作红木柜如图2-18所示。

京式家具大体介于广式和苏式之间，用料较广式要小，较苏式要实。从外表看，与其他地区相比又有其独具的风格。它从皇宫收藏的夏、商、周三代古铜器和汉代石刻艺术中汲取素材，巧妙地装饰在家具上，根据造型不同而施以不同形态的纹饰，尤显古拙雅致。

清代的京式家具，因王公贵族生活起居的特殊要求，造型上给人一种稳重、宽大、华丽及威严的感觉。宫廷用器因追求体态，致使家具在用料上要求很高，常以紫檀为主要材料，亦有黄花梨、乌木、酸枝木、花梨木、楠木和榉木等。京式家具制作时为了显示木料本身的质地美，红木家具一般不用漆髹饰，而是采取传统工艺的磨光和烫蜡。

可见，京式家具的特点一是造型古朴大方、文静典雅；二是用料考究，做工精细；三是纹样题材广泛。除常见的龙凤纹饰外，还有拐子纹、勾卷纹、兽面纹、螭纹、蟠纹、回纹等多种纹样。

由于宫廷制作家具不惜工本和用料，装饰力求华丽，镶嵌金、银、玉、象牙、珐琅、百宝等珍贵材料，非其他家具制造可比。京作家具形成了气派豪华以及与各种工艺品相结合的特点，也由于过分追求奢华和装饰，淡化了实用性，很多京式家具仅仅成为一种摆设。

图2-17　广作书案

图2-18　一对京作红木柜

2.2.4.4　清式家具风格特点

清式家具并不等同于清代家具。清代家具在康熙时期以前基本保留着明代的风格。到乾隆时期，随着手工业、商业和文化事业的发展，家具的造型与风格在继承传统的基础上，又发生了很大变化，广泛吸收多种工艺美术技法，形成了以设计巧妙、装饰华丽、做工精细、富于变化为特点的清式风格。尤其是乾隆时期的宫廷家具，材质之优、工艺之精，达到了无以复加的地步。正是这一时期正式确立了清式家具的风格。

清式家具的特点，首先表现于用材厚重，家具的总体尺寸宽大，相应的局部尺寸也随之加大，形成稳定、浑厚的气势。其次是样式丰富，有床座榻、屏灯笼、箱柜橱、椅凳墩、桌几案等。例如新兴的太师椅就有多种式样，至于靠背、扶手、束腰、牙条等新形式，更是层出不穷。再次是装饰华丽，奇巧多变，多采用雕刻、镶嵌、彩绘等技法。选材考究，做工精良，因而形成了稳重、威严、富丽、豪华的艺术风格。简言之，雕饰繁多，雍容华贵。清晚期又吸收外来文化，融汇中西艺术。清式家具制作工艺也更为复杂，选用多种材料，采用多种工艺，讲究多种形式，巧妙地结合运用于家具的设计制作之中，有京作、广作、苏作等不同风格差异，使清式家具完全系统化、风格化。

毋庸讳言，清代虽然出现过"康乾盛世"，但其时已是封建社会末世，奢靡之风日盛，因此使家具在朝着豪华富丽方向发展的同时，也使清式家具产生了繁缛的弊端。尽管如此，其仍有独到之处，不失较高的美学价值。

2.2.4.5　清式家具三阶段

有学者把清式家具从初期发展至"清式"成熟风格形成大致分成了三个阶段。

第一阶段是明式家具传承期。从清朝初年至康熙初年，家具制作不论是科技还是工艺，都还在延续明代。在用材上，特别是宫中家具，常用色泽深、质地密、纹理细的珍贵硬木，仍以紫檀木为首选，其次是花梨木和鸡翅木。各种木料尽量不混用。为了保证外观色泽纹理的一致和坚固牢靠，有的家具采用一木连做，而不用小材料拼接。清初期，由于为时不长，特点不明显，没有留下更多的传世之作。榉木雕盘长架子床如图2-19所示。

第二阶段是清式家具成型期。从康熙末期直到嘉庆时期，是清代社会稳定、经济繁荣昌盛的阶段，属于"清盛世"时期。随着经济繁荣、社会发展和科技进步，清式家具逐渐形成特殊的、有别于前代的一些特点：造型上浑厚、庄重；装饰上求多、求满、富贵、华丽。小叶檀月洞架子床如图2-20所示。

图2-19
榉木雕盘长架子床

图2-20
小叶檀月洞架子床

第三阶段是外来影响期，即道光以后至清末。鸦片战争是清朝社会急剧衰败的转折点，此后经济衰退，民生凋敝。同时，伴随着战争和外敌入侵，外国资本主义经济、文化、意识形态也大量输入，使中国自给自足的封建经济发生了急剧变化，外来文化也随之渗透到国民的意识之中。家具也深受影响，宫廷家具、沿海地区的家具所受外来影响最为明显。作为经济口岸的广东最为突出，广作家具明显地受到法国建筑和法国家具上的洛可可风格影响，追求曲线美，过多装饰，甚至堆砌，木材也不求高贵，做工比较粗糙。

2.3
古旧家具收藏术语

2.3.1 包浆

包浆指古旧家具表面因长期使用而留下的痕迹。因为经过长期与人的直接接触，特别是用手抚摸，会在木质表面泛起一层温润的光泽，看似有一层薄膜包裹在家具表面，这种现象就称为"包浆"。古旧家具的表面带有包浆如图2-21所示。

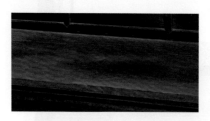

图2-21　古旧家具的表面带有包浆

2.3.2　掉五门

"掉五门"是指苏作木匠对家具制作精细程度的赞美之词。家具在完工之后，同样的家具能做到几乎分毫不差，谓之"掉五门"。在传统家具依靠纯手工制作的条件下，要将多件家具做到尺寸分毫不差，比如为同一张桌子配的8把椅子，做完之后放在地面上移动，每一把椅子的4个"脚印"与另一把椅子的"脚印"都能够完全重合，其难度之大可想而知。

2.3.3　坑子货

"坑子货"是指材质有问题或者做工较差的家具，有时也指被购进以后好几年也脱不了手的新仿家具。这种说法表示买到这样的家具如同被坑的意味。

2.3.4　吃药

在收藏界，"吃药"是指买进了假货，上了当。收藏之路上有很多陷阱，所以按照以往的说法，几乎每一位收藏家都是免不了"吃药"的。新进入收藏领域的朋友，一定要有防范意识，并且要不断提升自己的收藏知识和鉴别能力，争取早日锻炼出自己的"火眼金睛"。

2.3.5　爬山头

以前旧货行的人将没有落款或者不出名的人所作的字画挖去一部分，再添补上名家题款，冒充名人真迹，这类老字画就被称为"爬山头"。在家具行业，特指修补过的古旧家具。

2.3.6　叉帮车

"叉帮车"通常指对古旧家具的大修大补，尤其特指将一些零散的古旧家具部件拼装成一件家具。古旧家具因为年代久远，难免出现破损的情形，如果只是小修小补，比如添加个枨子、牙子之类，不算"叉帮车"。只有修补的部位较大且涉及主要部件、关键部位时，才可能属于"叉帮车"。比如为一把破旧的椅子修补上椅背和扶手，或者为一张桌子补充了两条腿等。

即使是"叉帮车"，修补也要有限度。如果修补的部位超过一件家具的一半部件，就可能是"一改二"而不算"叉帮车"了。比如一张桌子，如果只剩下桌面，通过修补加上了四条腿，则超过了"叉帮车"的范围。因为按照这样的修补方式，木工师傅完全可以将一张古旧桌子的桌面和腿分别用于两张桌子的部件，从而冒充两张古旧桌子出售。

"叉帮车"还分两种情形：一种情形如明代的家具在清代修补过，称为"老叉帮车"；另一种情形是古代家具现在被修补而成，称为"新叉帮车"。

2.3.7　玉器工

"玉器工"专指家具表面的浅浮雕参照了汉代玉器的纹饰和工艺。旧时玉石雕刻主要靠人工一点点磨，非常费工费时。"玉器工"的说法意在强调红木家具表面装饰的费工费时，工艺精湛。

2.3.8　开门

一般用来评价一件古物真品，称为"开门货""开门"或者"大开门"，基本意思是一眼就可以看出东西是真的，没有丝毫怀疑。

2.3.9　品相

品相用来表示收藏品的完好程度。不仅仅是红木家具，其他很多收藏品如纸币、书法、国画、邮票、书籍等都可以用品相表示其完好程度。

红木家具的品相指的是红木家具外观形态带来的感受，包括红木家具的整体感受、做工、用料等。

红木家具品相的鉴赏一般出远及近，即所谓"远看形，近看艺"。首先是在远处对红木家具的造型品相进行鉴赏，在"十步开外"就可以查看家具的外形比例是否合理匀称。经典红木家具一定是各部分比例协调、外观端正雅致，在远处查看家具整体时，就能感受到家具各部分木材的长宽高矮与粗细比例。如果感觉整体外观比例没问题，就可以靠近家具，进一步查看其用料，查看其材质是否真正为全红木，查看木纹纹理、质地、棕眼、硬度以及表面的润泽感等。虽然进行红木家具鉴定需要很多专业知识，但对收藏品品相的鉴定，也可谓"眼缘"，如果感觉不顺眼的物件，最好不要勉强。如果看着顺眼，在品相方面没有发现问题，再做进一步的鉴定才有意义。

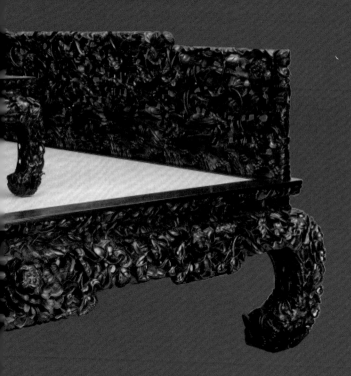

03

工艺篇

3.1
选料用料

3.1.1　选料标准

无论是紫檀木、花梨木、酸枝木，还是鸡翅木、铁刀木、乌木，都十分珍贵稀缺，有寸木寸金之说。因此，制作红木家具必须要充分用料，合理用料，物尽其用，用有所值。

其一，这几类木材的心材方能称为红木。心材和边材价值不同，也各有所用，全部以心材制成的家具才能称为全红木家具。家具的外表和承重等主体部位不能使用边材，非主体部位可以适当使用边材，但不能超过总量的10%，并应向消费者告知，否则就是掺杂使假。

其二，家具的主体部位颜色搭配要合理、协调、一致。个别颜色略有差别的材料只能用于非主体部位。

其三，有一定缺陷的木材经加工处理后，可适用于非主体部位。

其四，裁料时必须根据设计要求，精确计算规格，精打细算。

其五，纹理的大小、走向要一致，对称、和谐。

红木家具的使用寿命可长达百年甚至数百年，所以在选料用料上要非常讲究，关键部位的用料稍有不当就会影响整件家具的使用寿命。

3.1.2　金属饰件

传统红木家具中的饰件多用白铜或黄铜作为材料，此外也有景泰蓝饰件等。这些饰件既有实用功能，也有装饰功能。主要饰件包括合页、扭头、吊牌、面页、吊环、牛鼻环、拍子、包角、套腿等。其造型、规格、雕饰因其应用于某件家具的风格不同而不同，样式繁多。有很多伪造的饰件，表面镀铜而主体实际是塑料，初看起来几乎没有差别，可以以假乱真。但如果拥有鉴别能力，从光泽、重量、硬度、工艺等方面仔细鉴别，是能发现问题的。比如，机器生产的塑料制品，在工艺上很难模仿出传统金属锻錾工艺的那种古朴精湛。铜制龙纹合页如图3-1所示。黄铜面页及吊牌如图3-2所示。铜制双夔纹吊牌如图3-3所示。白铜面页如图3-4所示。

图3-1　铜制龙纹合页

图3-2　黄铜面页及吊牌

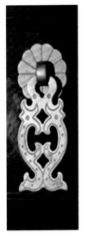

图3-3　铜制双夔纹吊牌

图3-4　白铜面页

3.1.3　满彻

满彻是指某件家具制作中只使用单一材质，不掺杂其他材质。在硬木家具领域，虽然制作者会很注意材料的合理使用，但"满彻"的红木家具也很多。

目前红木行业对"满彻"的意思有两种解释。一种解释是传统的说法，认为凡是单一的材质，没有掺其他材料的就是"满彻"。另一种解释更为严格，是只认可《红木》国家标准者的说法，认为不仅是单一的材质，而且是只用红木心材，一点白皮都不带的家具才可以称为"满彻"。后一种解释对材质的要求要高于前一种解释。对于经典传统红木家具而言，这种要求也并非完全不能达到。

相对来说，"满彻"的红木家具比非"满彻"的红木家具应该更贵，但并不意味着非"满彻"的红木家具就没有收藏价值。毕竟，红木家具的收藏价值应该是综合考量其材质、造型、结构、雕刻、装饰等因素的结果，仅以材质为依据是不够的。

3.2
表面处理

3.2.1　攒边

攒边是红木家具中椅凳面、桌案面、柜门、柜帮等部位常见的一种做法。所谓攒边，就是把板面插入由四根用格肩榫攒起来的边框之中，业内人士也称之为"落槽"。其好处有二，一是使板面与边框结合稳固，不易变形；二是避免暴露板面的裁切面，更为美观耐看。另外，面板因干湿发生伸缩时，通槽留有充分余地，不至于发生裂开变形或收缩透缝等现象，不会造成整体结构的松动和家具体型的走样；而且，面板还可以选用不同的材料，使用各种工艺手法，表现出不同的效果，产生不同的功能。攒边做法，是我国传统木工工艺在家具形体结构中的一大特色，也是我国古代工匠的主要发明。

3.2.2　倒楞

"倒楞"是传统木工家具行业常用术语，亦作"倒棱"，就是把家具中的直角峻棱处加以漫圆角、漫圆线化处理，使家具具有刚劲挺拔之势，又不失圆润清丽之风，方中有圆，直中有曲，寓刚于柔，极富委婉含蓄之美，而非锋芒毕露。这也是中国传统美学在家具中的具体体现。

3.3
榫卯结构

所谓榫是指器物或构件上利用凹凸方式相接处凸出的部分，而卯则是凹进去的部分。故榫卯又称阴阳榫、牝牡榫。榫头与榫眼如图3-5所示。

榫卯结构是榫和卯的结合，是木构件之间多与少、高与低、长与短之间的巧妙组合，这种组合可有效地限制木构件向各个方向的位移或扭动。许多明式家具距今几百年了，虽显沧桑，整体结构仍然完好如初，充分体现了榫卯结构的牢固、耐用特性。

榫卯结构的运用在我国具有悠久的历史。考古学家在浙江宁波傅家山遗迹发掘的建筑构件表明，早在六七千年前的河姆渡新石器时代，我们祖先就

图3-5
榫头与榫眼

图3-6
插肩榫的榫头

已经开始使用榫卯构件了。中国传统家具（特别是明清家具）之所以为世人瞩目，与对这种结构的广泛运用有着直接的关系。中式家具之所以又被称为传统家具，主要原因还在于其榫卯结构的运用。

　　红木家具各连接部位，一律以榫卯相接，不仅严谨、牢实，还有装饰作用，这也是红木家具的一大特色。而且，红木家具的榫卯结构无论造型还是功能，都是与中国古典建筑一脉相通的，有异曲同工之妙，且具有极高的美学价值。

　　就榫卯使用的部位、功能和形态而言，大体上可以分为明榫、暗榫、闷榫、套榫、夹头榫、插肩榫、抱肩榫、勾挂榫、格角榫、棕角榫、燕尾榫、楔钉榫以及走马销等。插肩榫的榫头如图3-6所示。

3.3.1 明榫、暗榫、闷榫

明榫是指制作好家具之后在表面能看到榫头（图3-7），而暗榫是指在家具表面上看不出来榫头（图3-8）。因为两部件结合后不露榫头，所以也叫作"闷榫"。

明榫与暗榫所用的部位不同，明榫多用在桌案板面的四周边框和柜子的门框处。明式靠椅和扶手椅的椅背搭脑和扶手的转角处常用暗榫。明榫、暗榫结构示意如图3-9所示。

图3-7 明榫的榫眼是穿透的

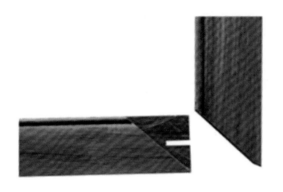

图3-8 暗榫的榫眼不会穿透

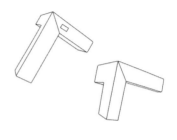

图3-9 明榫、暗榫结构示意

3.3.2 套榫

明清家具椅子搭脑不出挑，与腿交接时不用夹头榫，常采用腿料作方形出榫，搭脑相应部位挖方形榫眼套接，故称"套榫"。

3.3.3 夹头榫

夹头榫是案形家具中最常见的榫卯结构。腿足上端开口，嵌夹牙条与牙头；顶端出榫，与桌案案面的榫眼结合，结构稳固，桌案和腿足角度不易变动，又可将桌面的重量分担到腿足上来。夹头榫如图3-10所示。夹头榫结构示意如图3-11所示。

图3-10　夹头榫

3.3.4 插肩榫

除夹头榫之外，插肩榫也是案形家具的一种榫卯结构。其结构和夹头榫的结构相似，也是腿足上端开口，嵌夹牙条；顶端出榫，与桌案案面的榫眼结合。不同的是，在插肩榫中，腿足的上端外侧被削出斜肩，牙条与腿足相交处剔出槽口。当腿足与牙条相结合时，槽口便与斜肩正好契合。腿足因为承受桌案的压力，牙条和斜肩就咬合得更紧。在这种连接方式下，较重的桌子，其结构会更加牢固。

图3-11　夹头榫结构示意

插肩榫如图3-12所示。插肩榫结构示意如图3-13所示。

图3-12　插肩榫

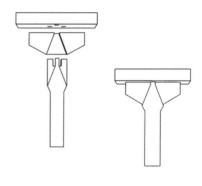

图3-13　插肩榫结构示意

3.3.5　抱肩榫

　　抱肩榫是有束腰家具的腿足与束腰、牙条相结合时使用的榫卯。具体做法是，以有束腰的方桌为例，腿足在束腰的部位以下，切出45度角斜肩，并凿三角形榫眼，以便与牙条的45度角斜肩及三角形的榫舌拍合。斜肩上还留上小下大、断面为半个银锭形的"挂销"，与开在牙条背面的槽口挂套。抱肩榫如图3-14所示。抱肩榫结构示意如图3-15所示。

图3-14　抱肩榫

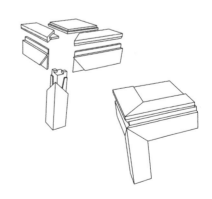

图3-15　抱肩榫结构示意

3.3.6　勾挂榫

　　霸王枨与腿的结合部位通常使用勾挂榫，霸王枨的一端托着桌面的穿带，用木销钉固定。下端交带在腿足中部靠上的位置，榫头向上勾，腿足上的榫眼下大上小，且向下扣。榫头从榫眼下部口大处插入，向上一推便勾挂住了下面的空隙，产生"倒勾"作用。然后用楔形料填入榫眼的空隙处，再也不易脱出，故曰"勾挂榫"。勾挂榫如图3-16所示。勾挂榫结构示意如图3-17所示。

图3-16　勾挂榫

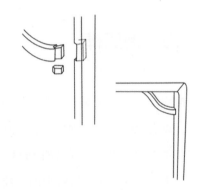

图3-17　勾挂榫结构示意

3.3.7　格角榫

　　格角榫也分明榫与暗榫。明榫多用在桌案板面的四框和柜子的门框处，桌案的边框一般分长边和短边，长边称为"边挺"，短边叫作"抹头"。在边挺和抹头的两端分别作出45度角斜边，边挺处再作榫头，抹头处则作榫眼。这样就把明榫处理在两侧，木材的横断面没有纹理，正好隐藏起来，外露的都是色泽优美的花纹。暗榫的形式多种多样，仅就直材角接合而言，就有单闷榫和双闷榫。单闷榫是在横竖材的两头一个作榫头，另一个作榫眼。双闷榫是在两个拼头处都作榫头，紧靠榫头处又凿出榫眼，使两个榫头可以互相插入对方的榫眼。由于榫头形成横竖交叉的形式，加强了榫头的预应能力，使整件器物更加牢固。格角榫分别如图3-18、图3-19所示。格角榫结构示意如图3-20所示。

格角榫常用在明式家具几、案、桌、椅等的面板框架部分。

图3-18
格角榫（一）

图3-19
格角榫（二）

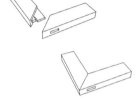

图3-20
格角榫结构示意

3.3.8　粽角榫

　　"粽角榫"因其外形像粽子角而得名。在江南民间木工中也称其为"三角齐尖",多用于四面平家具(所谓"四面平家具",是指从正面、侧面、背面及上面查看,家具表面都是平的,这是明式家具的一种标准造型特征)中。"粽角榫"的特点是每个角都与三根方材格角结合在一起,使每个转角结合都形成6个45度格角斜线。粽角榫在制作时三根料的榫卯比较集中。为了牢固,一方面开长短榫头,采用避榫制作,另一方面用料应适当粗大些,以免影响结构的强度。粽角榫结构家具外观上严谨、简洁,气质古朴典雅。红木家具顶角的粽角榫结构如图3-21所示。粽角榫结构示意如图3-22所示。

图3-21　红木家具顶角的粽角榫结构

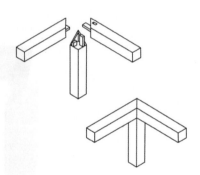

图3-22　粽角榫结构示意

3.3.9　燕尾榫

　　两块平板直角相接,为防止受拉力时脱开,榫头做成梯台形,名"燕尾榫"。燕尾榫如图3-23所示。燕尾榫结构示意如图3-24所示。

图3-23　燕尾榫

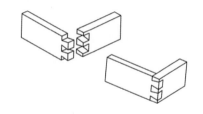

图3-24　燕尾榫结构示意

3.3.10　楔钉榫

楔钉榫是用于连接弧形弯材的地方。例如，圈椅的扶手。基本做法是将两片榫头交搭，同时榫头上的小舌入槽，使其不能上下移动。然后在搭口中部剔凿方孔，将一枚断面为方形，一边稍粗、另一边稍细的楔钉插贯穿过去，使其不能左右移动即可。楔钉榫如图3-25所示。楔钉榫结构示意如图3-26所示。

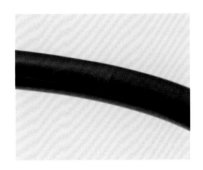

图3-25　楔钉榫

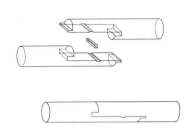

图3-26　楔钉榫结构示意

083

3.3.11　走马销

罗汉床围子与围子之间或围子与床身之间常用到走马销。走马销是"栽销"的一种，指用一块独立的木块做成榫头栽到构件上去，来代替构件本身做成的榫头。一般安在可装卸的两个构件之间。独立的木块做成的榫头形状是下大上小，榫眼的开口是半边大，半边小。榫头由大的一端插入，推向小的一端，就可扣紧。走马销如图3-27所示。走马销结构示意如图3-28所示。

图3-27　走马销

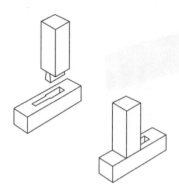

图3-28　走马销结构示意

3.4
木雕基本技法

　　木雕艺术起源很早，六七千年前的河姆渡古文化遗址就出土了木制浮雕船桨、木制圆雕鱼和鱼形器皿等。到了商周时期，木雕艺术除器皿摆件外，已被广泛应用于家具；经秦汉、唐宋时期的过渡，日臻成熟。到明清时期，红木家具木雕艺术达到巅峰，尤其清式家具更是以雕饰精美、繁多而著称于世。

　　木雕是家具装饰的一个重要手段。所谓雕刻之"雕"，就是用凿子凿出轮廓。所谓"刻"，就是用刻刀精雕细刻。木雕的基本技法有阴雕、浮雕、镂雕、圆雕等。木雕制作分别如图3-29、图3-30所示。

图3-29
木雕制作（一）

图3-30
木雕制作（二）

阴雕也作"沉雕"，是低于木材平面、凹下去的一种雕法，工艺比较简单，一般用于阴雕的木材先髹色彩较深的油漆，然后再雕刻。因此，能产生一种黑白分明、近似中国水墨写意画的艺术效果。

浮雕是一种在平面上的浮凸表现，浮雕分浅浮雕和高浮雕两种形式。如果表现对象的压缩体型凹凸不到圆雕的二分之一，则称之为"浅浮雕"，它接近于绘画，线条较流畅，有清淡、静雅的艺术效果。以此类推，如果表现对象的压缩体型凹凸超过圆雕的二分之一，则称之为"高浮雕"。它接近于雕塑，画面构图丰满，疏密得当，粗细相融，玲珑剔透。

镂雕又称"透雕""漏雕"，雕饰图案是透空的，前后两面均能观看。镂雕需要凿子及另一种名为"锼弓子"的特制工具。锼弓子类似一种简易的锯子，做透雕时辅助镂空下料非常方便，可谓是工匠的伟大发明，制作简单而又非常好用。一般用竹板弯成弓形，用钢丝剁成细齿做成弓弦，以发挥锯条的功用。透雕一般用于红木家具主要发挥装饰作用的部位，如花心、花牙、花墙等，有一种半遮半掩，"犹抱琵琶半遮面"的效果，富有雅趣。

所谓圆雕，又称"立雕"，也称"六面雕"，立体造型，多面雕刻。一般用于较为高档家具的突出特定部位，如花头、龙头、凤头、柱头等。圆雕除下部底座外的"前、后、左、右、上"五个面均须雕出有实在的体积。圆雕一般无背景，观众可以从四周任何角度欣赏，具有三维空间艺术感，是一种完全立体的雕像。它的形态随着观看视线的移动而不断变化，每个角度皆具备完美的形式感。作品多取材于人物、动物和植物，可作为供欣赏的摆件。

此外，还有由基本雕刻技法发展起来的几种雕刻技法，如通雕、透空双面雕、镶嵌雕等。

通雕是一种在浮雕、镂刻传统的基础上发展起来的技法。画面可以多层次地镂通，重重叠叠，因此通雕的内容具有很大的容纳空间和很强的表现力。

透空双面雕是用一种图案进行正、反两面雕刻，两面都能欣赏到同一图案，新奇且玲珑可爱，类似苏州的双面绣。还有一种能在一块雕花板上，正、反两面雕出不同的图案，出现不同的题材，这需要艺匠有高超的智慧和巧妙的构思，才能解决这个难题。

镶嵌雕是将不同材料，如玉石、象牙、珊瑚、牛骨、螺钿、铜皮、银丝等，先制成花卉、人物、楼台、树石等图案，然后依图案在木面上雕刻凹槽，再将这些材料镶嵌其间，层次清晰分明，具有华贵的装饰效果。可用多种材料镶嵌在一件作品上，称"百宝嵌"。清乾隆年间的百宝嵌作品最为繁复华丽。

3.4.1 浮雕

浮雕又称"平面雕刻"，有浅浮雕和深浮雕之分。浅浮雕在红木家具中最为常见，而深浮雕则必须具备一定条件，一般用于厚料的大型作品。只有厚料才有可能对其进行深雕峻刻。深、浅浮雕一般用于柜类的柜帮和柜门，桌类的前脸及两侧，椅类的椅背，床头及榻的三围等部位。浮雕寿字图案如图3-31所示。

浮雕兼具雕塑与绘画的特点，采用压缩的办法来处理对象，靠透视等因素来表现三维空间，并只供一面或两面观看。浮雕一般是附属在一个平面上的，在家具类器物上比较常见。由于浮雕好像是将景观压缩了一样，所占空间较小，所以适用于多种环境的装饰。虽然没有圆雕那么具有立体感，但浮雕在内容、形式和材质上与圆雕一样丰富多彩。浮雕八宝图案（中部为浮雕八宝，四周为透雕龙纹）如图3-32所示。浮雕盘长纹图案如图3-33所示。

浮雕的空间构造可以是三维的立体形态，也可以兼备某种平面形态；既可以依附于某种载体，又可相对独立存在。一般来说，为适合特定视点的观赏需要或装饰需要，浮雕相对圆雕的突出特征是经形体压缩处理后的二维或平面特性。浮雕与圆雕的不同之处，在于它相对的平面性与立体性。它的空间形态是介于绘画所具有的二维虚拟空间与圆雕所具有的三维实体空间之间压缩的半立体空间。

深浮雕由于起位较高、较厚，形体压缩程度较小，因此其空间构造和塑造特征更接近于圆雕，甚至部分局部处理完全采用圆雕的处理方式。深浮雕

图3-31
浮雕寿字图案

图3-32
浮雕八宝图案
（中部为浮雕八宝，四周为透雕龙纹）

图3-33
浮雕盘长纹图案

往往利用三维形体的空间起伏或夸张处理，形成浓缩的空间深度感和强烈的视觉冲击力，使浮雕艺术对于形象的塑造具有一种特别的表现力和魅力。

浅浮雕起位较低，形体压缩较大，平面感较强，更大程度地接近于绘画形式。它主要不是靠实体性空间来营造空间效果，而是更多地利用绘画的描绘手法或透视错觉等处理方式来造成较抽象的压缩空间，这有利于加强浮雕适合于载体的依附性。

一般来说，深浮雕较大的空间深度和较强的可塑性，赋予其情感表达形式以庄重、沉稳、严肃、浑厚的效果和恢宏的气势；浅浮雕则以行云流水般涌动的绘画性线条和多视点切入的平面性构图，传递着轻音乐般的平和情调和抒情诗般的浪漫柔情。

3.4.2　圆雕

圆雕又称"立体雕"，是艺术在雕件上的整体表现，观赏者可以从不同角度看到物体的各个侧面。它要求雕刻者从前、后、左、右、上、中、下全方位进行雕刻。

由于圆雕作品极富立体感，生动、逼真、传神，所以圆雕对材料的选择要求比较严格，从长宽到厚薄都必须具备与实物相适应的比例，雕师们按比例"打坯"。"打坯"是圆雕中的第一道程序，也是一个重要环节，特别是大型的圆雕作品，还需要先在泥土上"打坯"，确定完"泥稿"后，再正式在材料上"打坯"。"打坯"的目的是确保雕品的各个部件能符合严格的比例要求，然后再动刀雕刻出生动传神的作品。圆雕一般从前方位"开雕"，同时要求特别注意作品的各个角度和方位的统一、和谐与融合，只有这样，圆雕作品才经得起观赏者全方位的"观摩"。

就圆雕来说，它不适合表现自然场景，却可以通过对人物的细致刻画来暗示出人物所处的环境。圆雕不适合表现太多的道具、繁乱的场景，要求只用精练的物品或其局部来说明必要的情节，以烘托人物形象。由于圆雕表现手段是极精练的，所以它要求高度概括、简洁，要用诗一般的语言去感染观众。正因为如此，如果借用圆雕手法去表现过于复杂、过于曲折、过于戏剧化的情节，将无法体现圆雕的特点。它常常以象征的手法，用强烈、鲜明、简练的形象表现深刻的主题，给人以难忘的回味。莆田木雕佛像如图3-34所示。黄杨木雕魁星点斗如图3-35所示。

由于圆雕是空间的立体形象，可以从四面八方去观看，这就要求从各个角度去推敲它的构图，要特别注意其形体结构的空间变化。

图3-34
莆田木雕佛像

图3-35
黄杨木雕魁星点斗

3.4.3 镂雕

镂雕也叫作"通花雕"或"镂空雕"，是通过全方位雕刻的形式展示艺术作品，其中包含了浮雕、透雕、圆雕等手法。

镂雕是把材质中不能表现物像的部分掏空，把能表现物像的部分留下来。如古代雕龙，在掏空龙口腔的同时，要在口腔里保留下一颗"珠"。

这颗"珠"是原材料的一个部分，雕刻者用细刀小心翼翼地通过"龙嘴"，往里凿出一颗"珠"来。这颗"珠"剥离原材料后，不仅能滚动自如，而且还不能滚出"龙嘴"。

由于镂雕的难度很大，所以从材料挑选、作品布局、刀具配备到雕刻程序等，都与一般的雕刻技法有所不同。镂雕的木料必须质细，尤其是镂空部分，更不应有裂纹，否则容易造成断裂。镂雕使用的工具，除一般雕刻刀具外，还需要特制的长臂凿、扒剔刀、铲底刀、钩刀，以及小锯刺等专用刀具。由于镂雕内部景物可用空间的很大限制，只能依靠扩大入刀方向的办法来克服操作上的困难，所以镂雕景物的设计要求最好是多面透空。一般来说，透空的方向愈多，空洞愈密，镂雕就愈易，效果也就愈佳。

镂雕的程序是"先外后内"，待外层景物及其他衬景的打坯、凿坯工序全部结束之后，才能进行镂雕。镂雕窗格图案如图3-36所示。镂雕卷草葫芦纹如图3-37所示。

图3-36 镂雕窗格图案

图3-37 镂雕卷草葫芦纹

04

鉴定与投资篇

4.1
红木家具的修复、翻新、仿制

4.1.1 修复

我国历史悠久，有大量古旧家具藏于民间。长期以来，人们并没有认识到它们的历史文化价值。这些古旧家具虽然造型典雅、材质精良、做工细腻，但毕竟历经少则几十年，多则上百年的风雨，已严重破损，还有的缺失了牙子、帐子等部件。如果不进行修复，不仅没法使用，哪怕摆放也不美观。所以，古旧家具修复就成为一项与收藏有关的重要工作。

修复古旧家具的原则是必须保持原作的品相风韵，沿用原作的大部分构件。其中，古旧民间家具修复要突出其雕刻精、打磨细、结构好、造型美、材料齐整和花纹多等特点。

修复用紫檀、黄花梨等珍稀硬木制成的名贵高古家具（一般指明代以前的家具，也有将明代家具包括在内的）时，如果家具本身外观状态保存良好，修复时应该尽量保留包浆；如果残破严重，除了在腿足、顶底、后身等隐蔽处保留少量自然风化的痕迹外，要适度复原其始制之初的精美状态，彰显其名贵木材特有的纹理和质地。在保障结构牢固、端正的前提下，对榫卯接口的严密程度不过分强求，适度松散并不影响此类家具的价值，相反还是其年代久远的证明。

对于古旧民间家具，在修理过程中，要尽力清除其外表过度破损不美观之"旧"，修复破损的结构，还其精美的本来面貌，仅在足底、背板等处留下验"旧"的残损。对于漆木古旧民间家具，需要针对漆膜情况区别对待。漆皮已大部分或完全脱尽的柴木家具，除必要的结构修补外，可以充分表现肌理的风化之旧，提升其所蕴含的时空之美。对于漆皮保存尚好的擦漆罩油类家具，良性磨损较多，"破旧"中往往带有浓厚的人情味，其漆木的斑驳相间，正是体现其人文价值的所在。在清洁污垢、修整结构的同时，需要对其年久失光的漆色进行封护润泽，以再现民间家具亲切实用的朴素美。对于披麻挂灰、描金彩绘的大漆家具，其价值全在漆艺绘画。一旦丝麻脱落腐朽，很难简单修补。为照顾其整体观感的完整性，可对其残损较大的局部漆皮进行补漆补色，对已失金褪色的漆画，原则上不应去描补；而且，残缺美的意境会留给人更多的想象空间，因此大漆家具要求"修旧如旧"。

古旧民间家具的修复工艺因其自身材料、结构造型、雕刻装饰、制作手法的特点，不能一言蔽之，各有侧重。但是，不论哪种古旧家具在动手修复前，都要弄清其类型、特性及用途，并对其时代背景、材料性能、榫卯结构、髹饰工艺等十分熟悉，修复后尽量保证材料相同，结构和造型一致，制作手法协调。同时，要遵循古物修复的可逆性原则，即修复失败时能够恢复原状。

4.1.2　旧货翻新

旧货翻新手法主要如下。

（1）整旧如旧。保留原作木材，包括漆皮的原状，修补的缺失部位也需做旧，从而给人以饱经沧桑之感。

（2）整旧如新。将残存的漆皮全部处理干净，将各部件全部打开后，重新刨平、打磨、擦漆或打蜡，给人以焕然一新之感。

4.1.3 仿古常用手法

仿古家具包括仿制和伪造古代家具。有的是为了商业目的而造假，也有的是因为想复制古代家具的样式而仿制。归纳起来，仿制古代家具主要有如下手法。

（1）按照流传的古代家具图录制造，用的是新材料，或者未做成家具的陈年木料。这类家具价值根据做工和材料的差异而有所区别。

（2）利用完整的古代家具，稍加变化或将不同古代家具的造型、纹饰等进行拼凑。例如，方桌面上加上另一张椅子的四条腿，再加上某一半桌的面板拼成一张桌子。虽然看来都是老材料，但因为是拼凑而成，可能比例不对，已失去古代家具的基本形态，本质上是仿古。

（3）完全仿照旧时器物。直接比照收藏的旧家具进行制作，比第一类往往做得更逼真，有的还人为进行做旧处理，就更不易辨别。

（4）旧家具改造。有些原件虽然损坏很严重，但用于修补损坏部位的材料，例如座面、背板等处，都是同质的老材料，看来几乎与原作一样，常被误认为是原来的老物件。

仿古家具，多数为仿红木家具。仿红木家具通常使用以下制作手法。

（1）选材。一般选用颜色较淡、质地优良的树种材料进行着色染色，并采用仿红木原料。

（2）表面处理。除去木材表面脏污（如油脂、胶迹、灰尘、磨屑等）以及部分材料内含的树脂和色素；如不能除去脏污物质，则会影响着色附着力及染色均匀度。

（3）漂白。对于浅色或木材色斑颜色色调不均匀，或是深色木材要使其颜色减淡，则需要漂白后再进行着色。

（4）着色。为了起到仿古效果，有的使用仿古漆。通常在产品的边缘、拐角处、拉槽或雕花处做出特有的效果。再增加一些艺术修饰，以强化其仿古效果，使之更具价值和引人注目。具体方法是用破布擦拭，再用毛刷刷那些破布没有擦拭到的死角，然后用破布以顺时针或逆时针方向将仿古漆擦拭至中等干净，同时借助擦拭动作，让溶剂挥发以使色浆渗入木材导管。然后用 0 号钢丝绒顺着木材导管，擦拭出明暗，再用毛刷将明暗刷柔和，以达到仿古、立体和层次感的效果，最后干刷。有必要时，干刷金或干刷银。

4.2
"望、闻、问、切"
辨别古旧家具的真伪

这是一个很复杂且知识性和专业性很强的问题，没有广泛的见识和广博的知识，很难掌握。但也有一些大体的规律性知识可供借鉴与参考。

在这个问题上，胡德生先生主编的《明清家具鉴藏》一书中有一段很精辟的论述，现抄录如下："要确定家具的真伪，有几点是必须掌握的。一看包浆是否自然。二看家具的腿脚是否有褪色和受潮水浸的痕迹。三看家具的底板和抽屉板，比如老的桌子和闷户柜等，底板和抽屉板就有一股仿不像的旧气味。如果看到榫眼两头是圆的，就说明是机器加工的，肯定是新仿品。四看木纹，硬擦的木纹总有一种不自然的感觉。五看翻修痕迹。有些布面的椅子在翻新后，原有的椅圈上会留下密密麻麻的钉眼，这种椅子就是老的。六看铜活件。老家具的铜活件如果是原配的，应该被手摩挲了几十年甚至几百年。有些材质较好的家具还会选用白铜打造，时间长了会泛出幽幽的银光，令人遐思。"

也有行家把辨别红木家具的方法归纳为以下"望、闻、问、切"法。

"望"，是看。从大处看家具的品相，即造型，从小处看它的雕刻和做工。

"闻"，是听。敲面板，听声音。太薄的面板声音空，较厚的面板声音实。

有的时候，面板里面可能还有夹层，虽然厚，也重，但不等于用的是同一种料。这种现象可能"听"不出来，需要仔细查看。另外，这里面的闻，也有"嗅"的意思。香枝木与酸枝木气味有差异。

"问"，是问话。向销售员提出问题，比如材质、木材原产地等，以及是否"满彻"。如果是非全红木家具，还要了解清楚在哪些地方使用了非红木，售后服务及保修等问题。总之，能问的尽量问，听他（她）是怎么样回答的。关键的地方还要写进购货合同中，凡是售货员模棱两可，或者口头保证很好而不愿意在合同中呈现的，常常都值得打个问号，引起警觉。

"切"，是摸，就像号脉一样。摸摸光洁度如何，体会材料的表面手感，也体会它的工艺水平。光摸表面不行，还要摸摸它的底面、抽屉板等。摸，最好与看、听、问等相结合，细细审视其工艺，包括查看其榫卯的使用方法是否合理，特别是观察其是否掺杂有其他辅材。

4.3
根据时代特点鉴定红木家具的真伪

古代家具的辨伪有难度是因为古代家具不是机器生产，也不是铸造成型，每一件家具都有差别，并且家具上往往不会刻制工匠名称和制作年代。但从历史年代来考察，家具的生产必然会受到时代风格的影响，不同时代的家具因此会在造型、图案、制作工艺等方面表现出一些细节差异。一些有经验的藏家，就能从家具的图案、工艺或材质特点辨认出仿冒家具，因为仿冒家具常常会在此类细节方面出现错误的"时代特点"。

比如，如果我们比较明式家具和清式家具，二者在造型、做工、结构、装饰等方面就有很多差别。

4.3.1 家具整体工艺、造型差异

明代很多皇帝信道教，所以明代总体上是一个道教盛行的时代，在家具上也有道教"无为"思想的体现，家具整体造型简洁、大气，装饰很少，仅仅点到为止，不追求繁复雕琢而崇尚朴素之美。这种风气一直持续到清朝初期，变化不大。到了清朝中期，康乾盛世时期随着国力变得强盛，国家变得富足之后，家具的工艺和造型也开始追求华丽、富贵、庄严，满目雕饰的清式家具开始出现。

4.3.2 家具形态、结构细节差异

根据明式家具与清式家具工艺造型差异，建议可以从以下几个方面进行辨别。

（1）注意腿足的方圆曲直。明式家具的腿足部位带有建筑中的"大木构架"形态，柱腿一般用圆形，像房屋的立柱、柱腿之间还用圆形的枨子连接，如同房屋的横梁，整体仿佛是一座房子的构架，大气、稳定。明式家具包括直足、鼓腿彭牙、三弯腿等几种形式。腿足无论是向内勾还是向外翻转，线条都是自然流畅、遒劲有力、柔而不媚的。但清式家具腿足部分逐渐变成方形，弯曲部位颇有些故作姿态的痕迹，有些弯曲甚至是没有必要的、多余的，还常常在表面添加回纹之类的雕花装饰，在追求华丽的同时多了几分庸俗，明显不同于明式家具那种简洁自然的感受。直足明式家具如图4-1所示。鼓

图4-1 直足明式家具

腿彭牙明式家具如图4-2所示。雕花弯曲腿足（三弯腿）的清式家具如图4-3所示。

（2）区分牙子的风格。牙子用在家具横向和立向结构交角处，主要起协助承托和加固作用，同时具有装饰作用。通常在桌案台面与四条腿相交的连接处、圈椅扶手与后腿的连接处等都能见到不同样式的牙子。

明式家具的牙子造型比较简练，一般表面没有过多雕刻装饰，常见的类型包括壶门牙子、云纹牙子、替木牙子和弓背牙子等。而清式家具的牙子上通常布满雕刻装饰，主要类型包括膛肚牙子、五宝珠纹花牙、回纹牙子、夔纹花牙、透雕云纹花牙等，与明式牙子风格形成明显的差异。明式家具的牙子如图4-4所示。清式家具的牙子如图4-5所示。

图4-3　雕花弯曲腿足(三弯腿)的清式家具

图4-2　鼓腿彭牙明式家具

图4-4　明式家具的牙子

图4-5　清式家具的牙子

（3）关注整体形态的方圆高矮。以凳子为例，明式的凳子通常仅有方和圆两种，而清式凳子则有六角式、八角式、桃花式、海棠式、梅花式等多种样式；而且，明式凳子外形比较矮胖，清式凳子却相对瘦高。很多明式椅都采用了后腿与立柱相连相通的形式，而清式椅为了做出有曲线感的"束腰"，很少将后腿与立柱直接相连。明式方凳如图4-6所示。清式带束腰梅花式凳如图4-7所示。

（4）考察局部样式的繁简。总体而言，明式家具各部位样式都追求简洁，而清式家具会特意追求多变的样式，造成繁复的装饰效果。除了前文提及的牙子类型、凳子外形差别，就连床榻的床围也存在繁简差别。明式罗汉床的床围形式往往比较单一；而清式罗汉床的床围往往呈现为五屏风、七屏风样式，装饰也繁复得多。浮雕龙纹罗汉床如图4-8所示。清紫檀雕二龙戏珠纹榻如图4-9所示。

（5）查看搭脑的弯直。从椅子搭脑的差别也能看出明清家具的年代差异，不同时期的椅子，搭脑的弯曲程度有差别。以靠背椅和梳背椅为例，此类椅子早期的搭脑一般是直的，后来才出现那种中部向上高起的搭脑造型，所以拥有中部向上高出的搭脑形态的椅子，年代上要晚于早期的明式椅。另外，早期明式椅常常将搭脑与左右后腿转角相连，直接用一根木材做成（图4-10）；而在清式家具中，尤其是在清代中后期的广作家具中，常常将搭脑与椅子后腿的上端格角相交（图4-11）。所以，看到这种样式的家具，就知道其年代比较晚。

（6）对比扶手椅的角度。收藏家具通常都会接触到扶手椅，它是明清家具中比较常见的品类，而明式家具和清式家具在扶手椅的制作工艺方面也有细微差别。明式家具扶手椅的靠背略微向后倾斜，靠背与椅座面角度为100度至105度，座面与地平面之间一般有3度左右的仰角。这样的设计非常符合人体工学，为塑造"正襟危坐"的标准姿势提供了可能，也有利于人体健康。但清式扶手椅靠背与座面则是直立和水平，一般都是标准90度角，失去了明式椅那种细微而精巧的设计。

图4-6
明式方凳

图4-7
清式带束腰梅花式凳

图4-8
浮雕龙纹罗汉床

图4-9
清紫檀雕二龙戏珠纹榻

图4-10
搭脑和后腿直接连接的明式椅

图4-11
搭脑与椅子后腿的
上端格角相交的广作家具

4.4
"仿明"家具的价值

要回答这个问题，首先牵涉到一个最基本的概念：什么是"明式家具"？在"术语篇""明式家具"一节中已从样式、风格的角度作了解释。

如前所述，由于明式家具达到了极高的艺术水准，并使家具的实用性、科学性、装饰性完美结合，后世纷纷效仿。以清代为例，虽然自乾隆之后，产生了别具一格的清式家具，但明式家具仍不乏佳作。自民国时期至今，亦是如此。

有了前面的铺垫，我们再来谈后世家具"仿明"说。也有业内人士认为，只有按照明代家具代表作原式原样仿制，才是"仿明"家具。其实按照这种理解去解释，与其说是"仿"，不如说是"复制"更准确些。另一种观点认为，在保持明式家具的基本特征和基本风格的前提下，有所变通和演绎，而又不失明式家具的风范，可称"仿明"。如果要咬文嚼字的话，"仿制"与"复制"的确含义不一样。

由此，我们仍可把"仿明"一说理解为狭义和广义的两种解释。从狭义角度讲，是指原样照做。从广义角度讲，是不变中有变。

从实践角度而言，复制品固然有很高的美学价值。而仿制品，只要仿得好、仿得巧、仿得妙，而不是非驴非马，不伦不类，同样有极高的美学价值。从与时俱进这个角度讲，仿制经典之作，不仅是必然的、必要的，也更能体现古典风韵与时代气息的有机结合，更能体现古为今用、推陈出新的艺术创作原则。

4.5
分析、判断
红木家具价值的几大要点

红木家具的价值是由多种因素构成的，因此分析判断红木家具的价值，也应从多方面、多角度来考虑。但一般而言，构成红木家具价值的因素主要有年代、存世量、完好程度、材质、品相、做工六个方面。

在红木家具投资价值的诸因素中，何者为主，何者为次，不能一概而论，因情况而异，但也有大体的一般性规律。

首先，古旧红木家具与近年新作相比，自然是古旧家具价值更高。但在古旧家具中年代久远的，价值更高，特别是已堪称文物的古旧家具更是价值连城。在年代相近的古旧家具中，存世量便成为决定价值的主要因素，所谓"物以稀为贵"。在大体具备以上两个因素的前提下，古旧家具的保存完好程度，便成为决定其价值的主要因素。

其次，材质也是决定红木家具价值的重要因素。例如，同一历史时期设计制作的，造型规格完全一样的家具，红木类与柴木类家具相比，价值至少相差数倍，甚至有天壤之别。同样是红木，因材质有别，价值也大不相同。按价值高低排列，通常有"黑、黄、红、白"之说或者"黄、紫、红、白、草"之说。黑或者紫即紫檀木，其价值一般高于其他红木类价值，其中小叶紫檀的价值高于大叶紫檀。黄，即黄花梨，是明式家具的主要用材，其价值与紫檀木家具可以媲美。但是，投资者也不能因为一时拍卖价格高就绝对化认为哪种材质更好。在黄花梨中尤以海南黄花梨价值最高，在花梨木中，黄花梨的价值要高于草花梨。红，即酸枝木。之后，依次为鸡翅木、乌木、铁刀木等。

最后还要说明的一点是，同一红木的材种，在质地和成色方面是有区别的，价值自然有别。此外，当地、当时的存储量和交易量也是决定红木和红木家具价值的因素之一。换言之，市场上的价格规律在这一领域内同样起作用。

特别要强调的一点是，品相与做工也是决定红木家具价值的重要因素。所谓品相，包括造型是否美观，比例是否适度，结构是否合理，使用是否舒适，即人们常说的耐看，有品位。所谓做工无须多解释，只是强调一点，其中包括至关重要的雕工。

如果说材质的价值是天然形成的，是大自然的恩赐，年代的远近则是客观形成的，而非人的意志所能左右。唯有品相与做工，则完全取决于人的素质，取决于人的知识水平、美学修养、艺术功底和技术水平等综合素质。从这个意义上讲，红木家具与书法、绘画等艺术门类的创作在价值观念上是相通的，设计理念和设计水平是决定性因素。从本质上讲，家具设计也属于文化创作范畴。

在过去相当长的一段时间里，人们只是把家具看成一种日用品，而没有把家具作为一种文化现象来审视；只是把家具作为工匠之作，而没有把家具作为一种文化创作来看待。因此，我们把品相与做工作为决定红木家具价值的重要因素，强调的就是绝对不能忽视其文化价值和文化内涵。

4.5.1 选购红木家具三步走

首先要看材质。红木家具之所以为人们所青睐，首先是因为红木家具所用的优质紫檀、黄花梨、黑檀、鸡翅木等木材非常珍稀名贵，这类树木成材往往要几百年甚至上千年，物以稀为贵。所以，选购红木家具时，首先就是要看其木材的种类、质地。真红木往往带有紫红色、黄红色、赤红色或深红色等多种自然色泽，质朴美观，上漆后木纹仍然清晰可见。假红木制品往往借助油漆掩饰其木材表面的缺陷，甚至直接用油漆作假，一般颜色层较厚，常有白色泛出，无纹理或者纹理不够自然。另外，即便表面的纹理不是完全作假，稍有差异的纹理，也可能源于不同木料，其价格差异可能会很大。比如海南黄花梨、越南黄花梨以及非洲黄花梨，名称相近，表面看起来也比较像，但价格相差极为悬殊。

其次，应重点关注家具的结构和重量。正宗的红木家具不会使用铁钉，因为榫卯结构比用铁钉连接的家具更结实、耐用。真正的红木家具，可以使用几百年或上千年。如果用铁钉组合，很可能木质完好，但连接的金属容易锈蚀或氧化而使家具散架。榫卯结构是中国传统家具制作工艺的尖端技术，也是传统式样家具的典型特征。另外，真红木家具坚固结实，质地特别紧密，比一般柞木要重。相同造型、尺寸的假红木家具，重量比真品明显偏轻。

最后，看工艺品相。红木家具的工艺既是时代特征的综合反映，也是工匠艺术水平的直接体现。因为家具不仅是一件用具，更是家中的重要摆设，选购的家具耐看与否直接关系到使用者每天的心情。而红木家具的工艺水准也是其能否增值的重要因素。家具的工艺水平不仅仅表现为做工是否精细，更体现在艺术水准的高低方面。现代一些并不高明的匠人仿制的传统雕刻图案，虽也相当精细，却呆板而缺乏灵气，令整件作品黯然失色。

4.5.2　收藏红木家具也要靠缘分

人们常把收藏称为"淘宝"，很形象，也很有道理。"淘"是需要机遇的，而机遇也往往稍纵即逝，并非人人都抓得住，常常与机遇擦肩而过。能够抓住机遇就要有缘分，要想抓住机遇，就要勤转勤看，众里寻他千百度，也许会偶有一得，这就是缘分。而且，这种缘分，有时有不确定性。苦心搜索的东西，也有可能是"有心栽花花不开"，但也许在寻觅之中会"淘"到意外之宝。"无心插柳柳成荫"，这也是一种缘分。只要下苦功，就会有收获。从这个意义上讲，缘分具有很大的偶然性，但在偶然性的背后，却存在着必然的因素。

要与藏品有缘，并能把握这个缘分，离不开过人的眼力、勤快的脚力和坚强的毅力。如果没有过人的眼力，再好的东西摆在眼前，也可能视而不见，有缘等于无缘。机缘从来不会照顾那些四体不勤的懒汉，不经常早早跑市场、逛地摊，想要等着物美价廉的好东西送上门来，恐怕永远是痴人的梦话。藏品永远不会与这样的人有缘。多实践，多看、多接触实物是学习收藏的主要途径，需要几十年如一日、坚持，不因一时的挫败而精神崩溃，也不因一点点收获而得意忘形。这样才有可能把握与藏品的缘分。

4.5.3　红木家具投资与收藏的常见问题

红木家具的投资与收藏是一个很复杂的问题，不可盲目自信地涉足其间，对于初学者尤其如此。那么，红木家具的投资与收藏应注意哪些问题呢？

首先，要具有广泛的知识和丰富的经验，多看、多学、多问。既要深入其间，又要乐此不疲。

其次，要有良好的心态。要把红木家具的投资与收藏作为一种自己的爱好、乐趣和人生享受。人们通过收藏这种消费行为，获得的是心灵的充分满足和高层次的感官享受，它的精神意义远远大于物质意义。

投资并不一定都有收获，有可能"捡漏"，也有可能"打眼"，都要泰然处之，既要赢得起，也要输得起。当然也需要有一定的财力。而且，相对于股票、地产而言，红木家具的流通性并不强，投资未必很快得到回报，特别不适宜跟风，应该以收藏的心态，在充分了解的基础上购买。特别是一些已经绝版的红木家具制品，更要慎之又慎。因为这些东西造假、掺假的可能性很大，如果要买也一定要找非常懂行的专业人士帮忙。

此外，有些古旧家具已属于文物范畴，文物的保护和交易是有专门法律规定的，因此要知法守法，避免陷入误区。

4.5.4 红木家具的投资与收藏必须要有知识和胆识

艺术收藏品的流通渠道主要有三种方式，即地摊交易、古董店买卖和拍卖行拍卖。不论以哪种方式购买藏品，都需要具备大量的知识。随着技术的更新，家具造假的手法也越来越多，很多企业也用各种手法以次充好，红木家具市场陷阱非常多，连收藏家都要花很大的精力和时间来辨别真伪。普通消费者如果对红木家具缺乏必要的知识，是难以进行正常投资和收藏的。

在过去很长的一段时间里，红木家具，特别是古旧家具，毁弃太多了，实在令人扼腕叹息，因此现今的存世量已经不多，红木资源也日渐稀缺。如今又欣逢太平盛世，"盛世收藏"。收藏热与存量少是一对矛盾，这就难免泥沙俱下、鱼龙混杂、真伪难辨，即使是行家里手，也难免有看走眼的时候。

因此，红木家具的投资与收藏也要有胆识，表现在两个方面。一是看准的，该出手时就出手，不要犹豫不决，错失良机，不能仅仅在价格上坚持不下。这样的教训也是很多的。二是在年代、存世量等方面，并未完全吃透、拿准的情况下，只要对材质、品相、做工等几个要素拿得准，特别是价格能够接受，则至少是物有所值，乃至物超所值。具有一定收藏鉴赏价值和增值空间时，也要该出手时就出手，要有超前意识。胆识本是两种不同的能力，胆是胆量，识是见识。也就是说收藏者既要有决断能力，也要有眼力，唯有胆与识有机结合在一起，才能发挥重要作用。有胆无识，仅凭冲动鲁莽行事，难成大器；有识无胆，一步三回头，亦难有收获。

不应否认，红木家具投资确有一定风险。在一定条件下，敢于冒险，有得有失也是正常现象。

4.6
红木家具近期的价值走向

　　经济低迷期的投资方向选择的确是值得重视的问题。相比起那些涨跌迅速且风险很大的投资项目来说，红木家具投资的抗风险能力应该还是比较强的。如果排除上当受骗、买到假货等因素，红木家具真品的投资虽然也存在价格波动的情况，但长期来看增值是必然的，而且常常是几倍到几十倍甚至数百倍的增长，几乎没有贬值归零的风险。明清时期的红木家具增值空间极大。比如在明代文人指点下制作的明式黄花梨家具，以及清式家具中的宫廷家具，增值潜力极大。即使是宫廷外的民间红木家具，哪怕年代并不久远，比如民国和新中国成立初期制作的红木家具，增值潜力都是巨大的。

　　如果说经济低迷期很多投资项目风险太大，红木家具投资或许是个不错的选择。

4.7
红木家具投资的前景

　　投资红木家具前景广阔，主要是因为红木家具的三个方面特征。其一，其材料珍贵，红木长成不易，越用越少，老红木就更加不易获得。其二，红木家具坚固耐用，几百年前的明式家具如果未经人为破坏，到今天也会结实如初，未来再正常保存数百年甚至上千年也应该问题不大。其三，红木家具所代表的明式家具和清式家具风格，蕴含的是中国传统经典文化，是几乎永不过时的样式，在全世界家具领域占有重要地位，具有广泛影响。这三方面特征决定了红木家具投资不同于一般的产品或项目的投资，它是文化类别的投资，而且是不易过时的文化投资，即使是由于社会因素带来短暂的价格变化，也不会真正影响红木家具投资的总体增长趋势。

　　经典红木家具的投资前景无须担心，只需注意防伪防骗。但新红木家具的投资却要注意，并非任何新做的红木家具都有升值潜能，因为工艺质量和设计也会影响红木家具的价值。有些新红木家具还掺杂了其他染过色的硬杂木，就更加失去了升值空间。

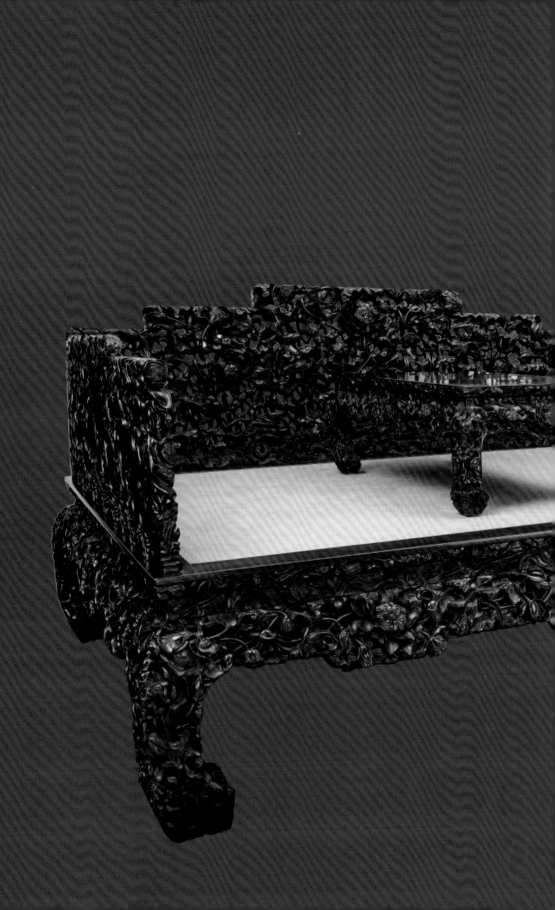

05

保养与禁忌篇

5.1
红木的物理化学特性

凡木都有性，说通俗点，就是都有"脾性"。从木材硬度上划分，木材主要有硬木、硬杂木、软杂木。红木与其他木材相比，质地更为坚硬，纹理更为细腻，在标准含水率范围内的气干密度较大(气干密度是指木材在一定的大气状态下达到平衡含水率时，木材单位体积的质量；气干密度大，表示木材分量重，硬度大，强度高)。红木家具的干缩湿涨率比较明显，易开裂，故一般红木家具都有适度的伸缩缝。越是质坚细密的木材，其干缩湿涨率就越高，其他材质家具亦是如此。

红木木材是无毒无害的绿色环保材料，红木家具除了环保之外，有的材质本身还有很好的药性作用。比如紫檀本身就是中药里上乘的名贵药材，而海南黄花梨亦称"降压木"，有舒经活血、促进血液循环及降压功效。

5.2
红木家具日常保养

红木家具虽然经久耐用，但也要合理使用，妥善保养，才能延长其使用寿命。

根据红木家具"脾性"大的特点，一般家居环境中要注意红木家具的保养，要注意环境的湿度和环境卫生，注意防尘、防虫蛀、防潮、防燥、防烫，当然更要注意防火。

红木家具与一般家具有所不同，它特别忌干燥，故红木家具不宜受到暴晒，切忌空调对着家具吹或者将红木家具摆放在窗口、门口等空气流动较强的地方。

红木家具须藏物适度，橱内存放物件时，不要超过门框。如果经常硬挤硬塞，会造成橱门变形。中空家具表面应避免长期放置过于沉重的物品，特别是电视、鱼缸、金属工艺品等。

防止酒精、香蕉水等溶剂洒在家具表面。这类溶剂会使家具表面形成"伤疤"。遇到家具表面染上污垢时，要用少量的肥皂水洗净，等表面干燥后，再上蜡恢复原貌。不要用汽油、煤油、松节油等溶剂性液体擦拭。

春、秋季节是比较适宜的家具保养季节，可分别烫蜡一次。可用天然蜡，如川蜡、蜂蜡，不要用石蜡、地板蜡或鞋油蜡等化学制品。

任何季节都要尽量保持室内空气湿度适中。室内过于干燥时，宜用加湿器喷湿或者在室内养鱼、养花调节室内空气湿度。室内湿度过大时，要开空调除湿。

最好用软毛刷、干净的绒布或绸布给红木家具除尘，不要用湿布或水洗的方式除尘。

红木家具的红木板面一般比较脆，要防止碰伤、碰裂。如果发现着力处出现脱榫，一定要找专业师傅重新胶合密封后再使用。无论是红木还是红木家具上的烫蜡、擦漆等表面处理都是怕烫的，使用时不要将过热的物品直接置于家具表面，应加以隔热的软垫，避免用透明聚乙烯水晶板作为隔热垫。

另外，要经常用布等软质材料擦拭和用手抚摸家具表面，以去掉家具表面的浮蜡；保持住渗入木纹里面的蜡，使木质亮而不燥，呈现出润泽、含蓄、古朴、典雅的气质。

5.3
红木家具防尘要点

红木家具的存放处，要经常打扫卫生，保持室内清洁。打扫时要防止尘土飞扬。对于红木家具的表面尘埃，应该用软毛刷清除，或用软布轻擦。不可用粗糙的扫帚来打扫，以免在家具表面留下任何划痕；不要用含有化学成分的去污剂擦拭，以免留下水渍和药水痕迹影响美观。

雕花部分可用细毛软刷去尘污，不能用毛巾及湿布，因为毛巾的毛会损伤家具的雕花、转角及木纹的细小劈裂部位。湿布会使家具表面产生干湿的剧烈变化，湿布中的水分和灰尘混合会形成颗粒状污垢，一经摩擦就会损害家具的表面，轻则损害家具原有的包浆成色，重则导致家具表面日后开裂。如果尘垢过多，可用晾干水分的湿布反复擦拭。

5.4
红木家具防虫须知

首先要说明的是，防虫蛀要从源头做起，一定要使用经过"杀虫"处理并经过"检疫"的木材。尽管如此，空气尘埃中也会有虫卵落在家具上，春季尤其如此。虫卵在适宜的环境下也会孵化成虫，蛀蚀家具。因此，在清洁家具时尤其要引起注意。如有发现，应清理后及时杀灭，而不要直接在家具上喷洒杀虫剂。

要定期检查虫蛀情况，对箱、柜等封闭式家具，可在其内部放适量的固体防蛀剂，以防害虫蛀蚀。

5.5
红木家具防潮要点

红木家具所适应的空气环境，相对湿度以50% ~ 65%为宜，过干、过湿都会导致家具开裂变形。从防潮角度讲，首先应避免将其放在因渗漏等造成湿度较大的房间。一般而言，楼房，包括质量较好的平房，湿度并不大。但应注意用拖把拖地时，用水量不要太大，尤其避免积水，防止从家具的足部浸水；否则，长时间从足部浸水，也会造成家具损坏。

红木家具应经常除尘上光，不但鲜亮也防潮。

如果是平房，地势较低的屋内，地面潮湿，须将家具腿适当垫高，否则腿部容易受潮气腐蚀。一般家庭也最好使用软薄垫将家具同地面接触的部位隔开，同时让家具的靠墙部位同墙壁保持0.5 ~ 1 cm的间隙。可能的话，还可以给家具腿套上铜套脚以达到隔离地面潮气的目的。

另外，家具也不能老撂在一个地方，正所谓"流水不腐，户枢不蠹"。随着季节的变化，家具在摆放位置上要做适当调整，避免家具背面长时间靠墙受潮而腐蚀变形。

市场上有专用于防潮除湿的除湿包，买回家可放置在家具抽屉里吸潮。但当使用一段时间后，必须将盒或包中的物质取出，重新放些石灰或其他散装干燥剂再次使用。以吸水树脂和木炭为制作原料的除湿包则比较适合放置于空间较小的位置，比如衣柜、鞋柜等密闭的空间可以挂一袋除湿包以驱逐湿气。

当室外湿气较大时，应把上风方向的门窗关闭，只开启下风方向的门窗，以减少水汽进入室内。待天气转晴室外湿度变小时，可打开所有的门窗，加速水分蒸发。防潮的最重要时段是每天的早晨和晚上，这两段时间的空气湿度较午间更高。若不及时关上门窗，水汽将严重渗透至家居的每个角落。

空调一般都有除湿功能，但用空调抽湿见效较慢。开空调时，不宜对家具直吹。专用除湿机见效较快，但耗电也相对较大。暖风机在一定程度上也可以缓解室内潮湿状况，但暖风机有效辐射范围小，只能起到辅助作用。

5.6
红木家具防燥、防光要点

在北方，尤其冬季风干物燥，应适当增加室内湿度。例如，使用家用加湿器，或在取暖设备上放置湿毛巾，或者用盆景、鱼缸调节室内空气湿度等都可以增加室内湿度。但千万不要直接在家具表面洒水或者用湿毛巾擦拭家具表面，特别是尽量不要让家具紧靠暖气。

光线对红木家具同样有损坏作用。红外线可使家具表面温度升高、湿度下降，造成翘曲和开裂。紫外线对家具的危害更大，漆膜受紫外线照射后会褪色乃至脱落，还会破坏木纤维结构，降低机械强度，即使停止光照，在暗处仍会继续起破坏作用。因此，家具不要放到阳光直射的位置，房间的门窗最好选择厚度在3mm以上的玻璃，并安装布帘、竹帘、遮阳板、百叶窗等，以防止光线直射家具。

5.7
传统老家具保养要点

尽量采用不会对老家具产生破坏的工具和方法。首先是除去浮尘。去除老家具表面的浮尘和积土时，可以用大功率的吹风机吹，不能用湿布擦，否则会对家具漆面造成损害。其次是去除蛀虫及虫卵。不要直接往家具表面喷洒杀虫剂，最好先用清水稀释少量消毒液，将小块棉布浸湿，拧干后局部擦拭有虫和虫卵的部位。另外，可以把家具拿到户外开放的空间，利用阳光去除家具里的湿气，同时也可除去因年代久远而产生的霉味。但千万不要把家具放在烈日下暴晒，否则可能会造成家具开裂。如果老家具上有油漆、水泥浆等不容易擦掉的黏着物，可以用物理手段清除，比如精细的刀刮和打磨。操作时，尽量保护面板不受过大伤害，适可而止。如果不打算保留原有漆面，也可以用水冲洗，在卯、榫等积垢较深处，可以用肥皂水冲洗。一般来说，对于一些珍贵的红木家具，要尽量保留原来的漆面，不宜用水清洗。

5.8
搬运红木家具的注意事项

搬运红木家具时，要轻拿轻放，要搬抬，而不要拖拉，还要注意防止磕碰、划伤。在搬运的过程中不要在室外放置时间过长，更要尽量避免在雨雪天气搬运家具。还要注意摆放环境温差不宜过大，搬运应有一个缓冲过程。红木家具最好放在温度为18～24℃，相对湿度在35%～40%的环境中。把红木家具搬到气候不同的地方，会对红木家具造成影响。

无论是把红木家具搬到不同的地域，还是仅仅在房间之间移动红木家具，都要特别小心，可以采用以下方法。

（1）搬运前先拆下所有活动的部件，把它们分别包装好，以确保家具在搬运时不会受损。

（2）关闭并锁上所有的抽屉和门，用一个搬动衬垫或柔软的毯子盖在上面，轻轻绑好。

（3）除了用毯子包裹，最好还要用填充物或泡沫来保护家具的各个角、把手及其他突出部分。

（4）为避免在搬运过程中造成家具变形、碰断、脱漆、刮伤、磨损等不必要的损伤，搬运时要将其抬离地面轻提轻放，不能强拉硬拽，以免损伤榫卯结构，更不能在地面上滑行、拖曳家具。

（5）在搬运电视柜、组合柜等可分成几个部分的板类红木家具时，最好将它们拆开后分别搬运，减轻重量，避免磕碰。

（6）移动红木小件时应用双手，避免单手提拉或提握易损易折部位。如有开裂或残损，不能用502胶或其他化学胶、木屑填补或粘接。应找到原厂家或雕刻工艺师，或专业修复红木小件的厂家及有经验的老师傅进行修复，不要自己动手。

5.9
红木家具投资的三大禁忌

红木家具投资有三大禁忌。

（1）忌盲目性，不要赶时髦。任何事物都有冷有热，有高潮，有低潮。赶时髦，或者说从众心态是很多人都难以避免的。一般而言，赶时髦并不是什么坏事。例如，追求时尚的服装、发型等，即使流行时间不长，也无大碍，也是享受生活。但收藏，特别是收藏红木家具是忌讳赶时髦的。因为红木家具本身是我们民族传统文化的优秀成果，本身就不是时髦之物。优秀的民族传统文化具有永久不衰的魅力，虽然历史有更迭，但家具文化作为积累和传承的优秀文化并非时尚之物。因此，在并不十分了解红木家具的价值和基本知识，更不了解市场走向的情况下，只见其"热"便盲目跟进，就难免失于偏颇。

（2）忌猎奇好胜，防止被"忽悠"。当前红木家具收藏市场并不十分规范，人们对红木家具的相关知识了解得并不多，具有"火眼金睛"的行家更如凤毛麟角。因此，家具市场上的投机行为和欺诈行为时有发生，而上当受骗者，也往往是既好奇而又不懂行的人。所以，要多观察，慎下手，不要急于求成，防止被人"忽悠"。尤其对价值不菲的藏品，最好的办法是请业内人士或有经验的人帮忙把把关。

（3）忌过于自信，弄巧成拙。家具收藏学问很深，绝不是看几本书就能掌握的，也不是在业内人士指导下鉴赏过几件家具就学会了的。因此，不要轻易地自诩掌握了鉴赏红木家具的看家本领，更不要轻易地替朋友去做红木家具鉴赏，以免弄巧成拙，吃亏上当。知之为知之，不知为不知，吃不准就是吃不准。要实事求是，不要自以为是，要下苦功夫，练就真本事。

参考文献

[1] 柏德元,谢崇桥,陈同友.红木家具投资收藏入门.上海:上海科学技术出版社,2010.
[2] 柏德元,潘嘉来.中国传统家具.北京:人民美术出版社,2005.
[3] 邱东联.中国明清家具赏玩.长沙:湖南美术出版社,2006.
[4] 叔向.古玩收藏上手丛书·家具.济南:山东美术出版社,2007.
[5] 柴亦江.精品古家具过眼录.上海:上海书店出版社,2003.
[6] 马未都.马未都说收藏·家具篇.北京:中华书局,2008.
[7] 舒惠芳.中国民间收藏智库·古典家具.北京:新世界出版社,2003.
[8] 胡德生.明清家具鉴藏.太原:山西教育出版社,2006.
[9] 周默.木鉴——中国古典家具用材鉴赏.太原:山西古籍出版社,2006.
[10] 刘景峰.中国古典家具收藏与鉴赏全书.天津:天津古籍出版社,2005.
[11] 景戎华,帅茨平.中国明代家具图录.北京:中国林业出版社,1999.